Plog美照和Vlog视频

手机摄影与后期从入门到精通

龙 飞 编著

清華大學出版社
北 京

内容简介

本书根据26万学员喜欢的Plog和Vlog制作技巧精心编写而成，帮助读者快速了解手机照片与视频的拍摄及后期处理技术。书中内容分为3个篇章：基础篇介绍了摄影的基础知识，涵盖了Plog照片与Vlog视频的手机拍摄技巧、经典构图方法，以及拍摄时对光影与色彩的把控；Plog美照篇介绍了5款热门的后期App，包括Snapseed、醒图、黄油相机、MIX滤镜大师及美图秀秀，包含35个手机后期实用技巧；Vlog视频篇介绍了应用剪映App制作Vlog视频的41个后期技巧，包括对人像、风光、植物、动物、夜景、美食及旅游等拍摄对象的处理方法。

本书适合对手机摄影、短视频拍摄及后期处理感兴趣的人员阅读，也可作为专业摄影摄像人员的参考书。

图书在版编目(CIP)数据

Plog美照和Vlog视频：手机摄影与后期从入门到精通 / 龙飞编著 . —北京：清华大学出版社，2022.7

ISBN 978-7-302-60318-4

Ⅰ. ①P…　Ⅱ. ①龙…　Ⅲ. ①移动电话机—图像处理软件　Ⅳ. ① TN929.53 ② TP391.413

中国版本图书馆CIP数据核字(2022)第041388号

责任编辑：李　磊
封面设计：杨　曦
版式设计：孔祥峰
责任校对：马遥遥
责任印制：宋　林

出版发行：清华大学出版社
网　　址：http://www.tup.com.cn，http://www.wqbook.com
地　　址：北京清华大学学研大厦A座　　**邮　　编：**100084
社 总 机：010-83470000　　**邮　　购：**010-62786544
投稿与读者服务：010-62776969，c-service@tup.tsinghua.edu.cn
质 量 反 馈：010-62772015，zhiliang@tup.tsinghua.edu.cn
印 装 者：小森印刷霸州有限公司
经　　销：全国新华书店
开　　本：170mm×240mm　　**印　　张：**15.25　　**字　　数：**326千字
版　　次：2022年7月第1版　　**印　　次：**2022年7月第1次印刷
定　　价：88.00元

产品编号：091566-01

前 言

P R E F A C E

Plog是时下一种新型的分享方式，不仅能记录日常生活的点滴，还可以记录使用者当下的心情和想法，让普通的照片立马变得有趣起来。Vlog是一种将创作者自己的生活日记转换为视频的形式，分享到社交平台上，用于记录和分享生活。

Plog全名为photo blog，意思是图片博客，即以图片和照片的形式记录生活及日常。Plog受到很多人的追捧，原因有三点：一是制作简单，拍摄一张照片，简单处理再加上滤镜和文字等，即可获得一张精美又有意境的照片，用时短、效率高；二是观看方便，相比文字和视频需要阅读和观看，图片更加直观，因此网络中更多人喜欢用图片表达感想；三是明星效应，在网络社交平台中，使用Plog的名人越来越多，加上粉丝的推动，让Plog更加受欢迎。

近几年，Vlog也越来越火，它的全名为video blog，是一种视频记录方式，很多年轻人喜欢用它拍摄、记录生活，作为自己与他人沟通的方式。Vlog具有三个优势：一是“接地气”，Vlog更多的是拍摄真人真事，贵在真实，可以反映制作者日常的状态；二是更适合年轻人，Vlog个性化的表达方式，更符合年轻人随性、追求自由与乐于自我表达的特性；三是体验感更好，相比5～15秒的小视频，时长1～3分钟的Vlog能讲述更多的内容，有人物、有故事、有主题，观看者的体验感也更好。

本书双管齐下，对Plog与Vlog的摄影及后期制作技巧进行讲解：首先，介绍Plog照片和Vlog视频的基本摄影技巧，从功能设置、构图方式、光影与色彩运用等角度进行详细讲解；然后，介绍Plog照片的后期处理方法，如修图、调色、添加文字模板等；最后，介绍Vlog视频的运镜、剪辑，以及添加特效、文字和音频等技巧。

本书提供丰富的配套资源，包括书中案例的素材、效果和视频文件，读者可扫描右侧二维码获取。

案例素材

为了方便交流与沟通，读者朋友可关注“手机摄影构图大全”微信公众号，对书中内容如有不解、疑问，可随时与作者沟通交流，如发现书中存在不当或错误之处，欢迎指正。

特别提示：本书在编写时，是基于当前软件截取的实时操作图片，但书籍从编辑到出版需要一段时间，在这段时间里，软件界面与功能会有些许调整与变化，比如删除了一些旧功能，增加了一些新功能，这是软件开发商进行的软件更新。读者在阅读时，可根据书中的思路，举一反三，进行操作即可。

在本书编写过程中，得到张慧琴、徐必文、黄建波、王甜康、罗健飞、谭俊杰、颜信、卢博、黄海艺、苏苏、巧慧、燕羽、黄玉洁，以及许多摄友的帮助，并且为本书提供精美的图片，在此深表谢意！

编　者

2022年1月

目 录

CONTENTS

基础篇

第1章 拍摄：小技巧拍出超赞大片 002

1.1 Plog 照片拍摄技巧 003

1.1.1 应用手机构图辅助线 003

1.1.2 光线不足的解决办法 004

1.1.3 使用手机大光圈模式 007

1.1.4 使用手机微距模式 008

1.2 Vlog 视频拍摄技巧 008

1.2.1 如何拍出稳定清晰的画面 009

1.2.2 利用手机自带的视频拍摄功能 010

1.2.3 设置手机视频的分辨率 012

1.2.4 设置手机对焦拍出清晰画面 013

1.2.5 巧用手机的变焦功能拍摄远处 015

1.2.6 使用手机的多种视频拍摄模式 017

第2章 构图：随手拍的效果也能很美 024

2.1 平面构图：拍出画面的“简洁之美” 025

2.1.1 水平线构图，提高照片档次 025

2.1.2 三分线构图，让画面更加美观 027

2.1.3 九宫格构图，赋予画面新的生命 028

2.1.4 斜线构图，使画面充满动感与活力 029

2.1.5 黄金分割构图，构图的经典定律 030

2.2 空间构图：拍出立体感十足的效果 031

2.2.1 透视构图，给画面带来强烈的纵深感 031

2.2.2 框式构图，透过“窗”看外面的风景 033

2.2.3 对称构图，平衡和谐让照片更出彩 034

2.2.4 倒影构图，得到别具一格的画面效果 035

2.2.5 明暗构图，纵深感瞬间增大空间 036

2.2.6 几何形态构图，让作品更具形式美感 036

第3章 光影与色彩：让你的作品与众不同 039

3.1 自然光影，突出照片的层次与空间 040
3.1.1 顺光的拍摄技巧 040
3.1.2 逆光的拍摄技巧 040
3.1.3 侧光的拍摄技巧 041
3.1.4 直射光的拍摄技巧 042
3.1.5 散射光的拍摄技巧 043
3.2 对比色彩，照片好看又和谐 044
3.2.1 互补色对比，让照片的冲击力更强 044
3.2.2 邻近色对比，让照片更加和谐统一 045
3.2.3 明暗对比，突出照片的质感和形态 046
3.3 常用电影感色彩表达方式 049
3.3.1 暗调复古绿 049
3.3.2 港风胶片黄 051
3.3.3 清新夏日蓝 053
3.3.4 热烈奔放红 055

Plog美照篇

第4章 修图：用手机修出精美照片 058

4.1 Snapseed：轻松调出 Plog 视觉系大片 059
4.1.1 为 Plog 照片添加暗角效果 059
4.1.2 调整 Plog 照片的曝光度和对比度 061
4.1.3 制作浅景深 Plog 美图 063
4.1.4 调整 Plog 照片的局部光影 065
4.1.5 增加 Plog 作品的清晰度 068
4.2 Snapseed：让 Plog 照片瞬间变得更精彩 069
4.2.1 控制好 Plog 照片的光线影调 069
4.2.2 选择性地精修 Plog 照片局部 070
4.2.3 去除 Plog 照片中的多余杂物 072
4.2.4 打造梦幻般的 Plog 光晕效果 073
4.2.5 制作双重曝光的 Plog 合成效果 075

第5章 调色：让照片呈现多种风采 079

5.1 醒图：5 款热门色调 080
5.1.1 浪漫油画色调 080
5.1.2 温柔奶油黄色调 082
5.1.3 Ins 风质感色调 083
5.1.4 通透夏日蓝色调 085
5.1.5 胶片感静谧蓝色调 087
5.2 黄油：5 款宝藏色调 089
5.2.1 马卡龙甜美粉色调 089
5.2.2 治愈美食色调 091
5.2.3 森系清新绿色调 093
5.2.4 日剧感蓝色调 095
5.2.5 复古美式色调 097

第6章 模板与文字：迅速提升照片格调 100

6.1 MIX 滤镜大师：玩转模板 101
6.1.1 制作模板同款海报 101
6.1.2 添加自定义模板 104
6.2 MIX 滤镜大师：丰富元素，提升 Plog 照片设计感 108
6.2.1 调整 Plog 照片布局 108
6.2.2 为 Plog 照片添加模板 110
6.2.3 为 Plog 照片添加文字 114

第7章 实战：制作彰显个性的照片 118

7.1 美图秀秀：人像类 Plog 实战案例 119
7.1.1 人像怎么拍 119
7.1.2 人像美容 120
7.1.3 滤镜调色 123
7.1.4 添加边框 125
7.1.5 添加文字 126
7.2 美图秀秀：风光类 Plog 实战案例 127
7.2.1 风光怎么拍 127
7.2.2 风光修图 128
7.2.3 滤镜调色 129
7.2.4 添加边框 131
7.2.5 添加文字 133

Volg视频篇

第8章 运镜技巧：掌握短视频的多种拍法 138

8.1 镜头语言：更好地表达主题 139
8.1.1 了解拍摄 Vlog 视频的镜头类型 139
8.1.2 选取合适的镜头角度让画面更精彩 140
8.1.3 Vlog 视频镜头景别要知晓 142
8.2 运镜手法：轻松拍出视觉大片 147
8.2.1 推拉运镜，表现物体的前后变化 147
8.2.2 横移运镜，扩大视频画面的空间感 148
8.2.3 摇移运镜，展示主体所处的环境特征 150
8.2.4 甩动运镜，制造画面抖动效果 151
8.2.5 跟随运镜，通过人物引出环境 153
8.2.6 升降运镜，带来画面的扩展感 154
8.2.7 环绕运镜，让画面更有张力 155

第9章 大片感：剪映后期剪辑技巧 157

9.1 3 个技巧，帮你留下精彩瞬间 158
9.1.1 Vlog 视频的基本剪辑处理 158
9.1.2 制作变速 Vlog 视频 160
9.1.3 让 Vlog 视频中的时光倒流 164
9.2 4 种方式，剪辑个性 Vlog 大片 166
9.2.1 制作拍照定格的 Vlog 视频 166
9.2.2 Vlog 视频人物一秒变动漫 169
9.2.3 加入有趣的视频素材 172
9.2.4 制作火爆的三屏 Vlog 视频 175

第10章 调色：调出Vlog的绚丽色彩 179

10.1 视频调色技巧，创造精彩效果 180
10.1.1 滤镜：让视频画面不再单调 180
10.1.2 调节：调出清新油菜花色调 181
10.1.3 美颜：磨皮瘦脸让人物更美 184
10.2 滤镜效果，让视频更有个性 187
10.2.1 黑白电影感滤镜效果 187

10.2.2 赛博朋克滤镜效果 189
10.2.3 鲜亮清新感滤镜效果 190
10.2.4 橙黄温暖感滤镜效果 192

第11章 特效：剪映创意玩法 195

11.1 给 Vlog 视频增加转场效果 196
11.1.1 基础转场：为所有视频片段添加转场效果 196
11.1.2 运镜转场：用镜头的自然过渡作为转场 198
11.1.3 特效转场：为作品添姿增色 199
11.2 设置 Vlog 视频动画效果 200
11.2.1 入场动画：缩小或放大进入视频 200
11.2.2 出场动画：滑动或转出离开视频 201
11.2.3 组合动画：入场与出场的结合 203
11.3 为 Vlog 视频添加多种特效 204
11.3.1 旋转立方体卡点：打造绚丽的霓虹灯 204
11.3.2 挥手变天：蓝天白云秒变漫天星辰 207

第12章 导出：制作爆款Vlog字幕与音乐 213

12.1 为 Vlog 视频添加字幕效果 214
12.1.1 自动添加字幕只需几秒钟 214
12.1.2 手动添加字幕，更好地展现视频内容 219
12.1.3 添加有趣好玩的花字效果 222
12.1.4 让 Vlog 视频更有创意的文字气泡 223
12.1.5 让 Vlog 视频秒变动感贴纸 225
12.1.6 让画面既生动又美观的动画文字 226
12.2 为 Vlog 视频添加音乐 228
12.2.1 添加抖音收藏的音乐 229
12.2.2 一键提取视频中的音乐 230
12.2.3 设置淡入淡出，完善音频效果 231

基础篇

第1章

拍摄：小技巧拍出超赞大片

手机虽不及传统相机具有专业感、仪式感，但手机的灵活性，让使用者有了更多的摄影创作机会。手机同样能够拍摄出精彩的Plog照片和Vlog视频作品，但前提是使用者需要掌握手机摄影的必备技能。

本章将讲解一些关于Plog与Vlog的基本拍摄技巧，帮助用户制作出更多精彩的照片与视频效果。

1.1 Plog照片拍摄技巧

Plog是一种进行趣味贴图与文字搭配的照片形式，也是一种新型的生活分享方式。在拍摄Plog照片时，我们应该多学、多看，多积累拍摄经验，这些都是学习Plog手机摄影的必经之路。本节主要介绍用手机拍摄Plog时的一些技巧，帮助用户快速掌握和应用各项功能。

1.1.1 应用手机构图辅助线

Plog照片的整体构图是决定一张照片好坏的基础，因此我们在使用手机拍照时，可以充分利用相机内的“网格”功能，帮助我们更好地进行构图，获得更完美的画面比例。

下面以苹果手机为例，介绍打开构图辅助线功能的操作方法。

步骤 01 在手机桌面上点击“设置”按钮，如图 1-1 所示。

步骤 02 进入“设置”界面，选择“相机”选项，如图 1-2 所示。

步骤 03 在相机界面中，开启“网格”功能，如图 1-3 所示。

执行操作后，即可使用构图辅助线来进行拍摄，如图1-4所示。将画面中的荷花主体放在九宫格构图线的右下交点处，能够更好地突出主体、均衡画面。

图 1-1 点击“设置”按钮

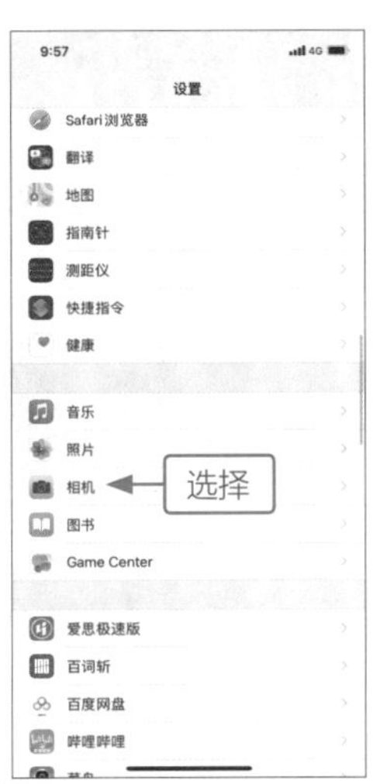

图 1-2 选择“相机”选项

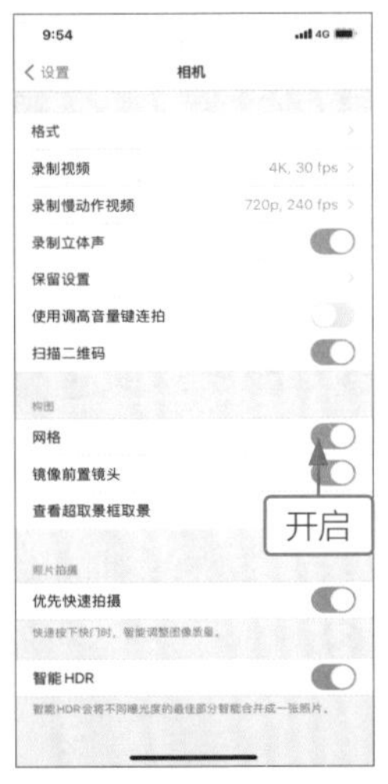

图 1-3 开启“网格”功能

图 1-4 使用构图辅助线拍摄

1.1.2 光线不足的解决办法

手机的摄像头对于光线的捕捉能力要远远低于照相机，因此在光线不足的环境下拍照时，成像质量就会比较差。我们可以运用手机的一些拍摄功能或配件来弥补光线不足的问题，以获得更好的Plog拍摄效果。

(1) 保持稳定。光线不足时照片画面容易出现虚影，此时应双手持机拍摄，或者使用三脚架固定手机，避免抖动造成画面模糊的现象，从而获得清晰的画面效果，如图1-5所示。

图1-5　双手持机拍摄以保持画面稳定

(2) 亮度。在光线暗淡的环境下，手机拍摄出来的画面通常是灰蒙蒙的，即使通过后期处理，也很难恢复正常的亮度。因此，如果是在阴天时拍摄，我们要尽量将辅助灯打开，保证拍摄环境有足够的亮度，或者让拍摄主体处于顺光照射的方向，这样拍摄的照片效果会更加清晰明亮，如图1-6所示。

(3) 准确测光。当我们在拍摄夜景Plog照片时，或者画面中有对比强烈的光源出现时，为了获取整个画面光线的平均值，可将光线强弱平均化。可以使用矩阵测光的方式对画面进行准确测光，以免出现局部高光过曝的情况。

(4) 用闪光灯补光。通常智能手机都配备了LED闪光灯，虽然这种闪光灯的亮度比较差，但拍摄近距离的静物时，也能够很好地弥补光线不足的问题。

图1-6　顺光拍摄的画面效果

专家提醒

在弱光环境下用手机拍摄时，可以使用专业拍摄模式，稍微增加EV曝光值、曝光时间或ISO等参数，使镜头对光线更加敏感，从而获得更明亮的画面效果。

(5) 夜景模式。当用户在光线不足的夜晚拍摄Plog照片时，使用夜景模式可以提升亮部和暗部的细节呈现能力，并且最大限度地降低噪点。例如，使用苹果手机的“夜间”模式拍摄时，拍摄界面如图1-7所示。使用夜景模式时，曝光时间通常比较长，因此拍摄过程中要保持手机的稳定。

图 1-7 使用夜间模式拍摄

1.1.3 使用手机大光圈模式

大光圈模式能够产生很好的背景虚化效果。以苹果手机为例，打开界面，将光圈 f 数值调至1.4，即可轻松拍出主体清晰、背景虚化的Plog照片，如图1-8所示。

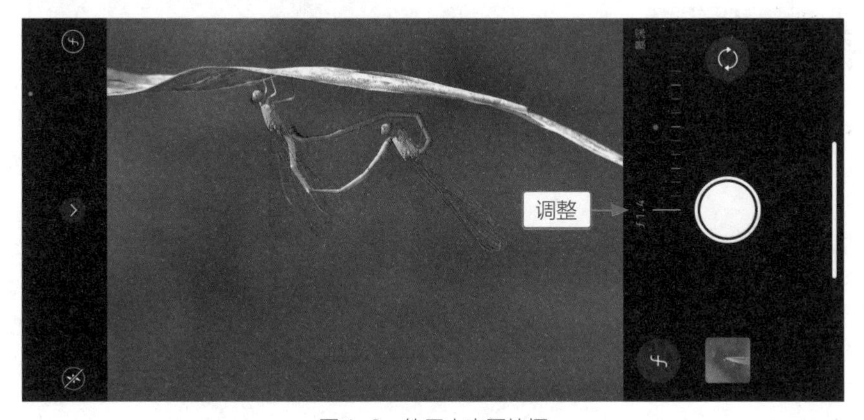

图 1-8 使用大光圈拍摄

华为手机的微距模式与苹果手机的大光圈模式效果类似，微距模式需要将手机靠近拍摄对象，而大光圈模式则可以直接按变焦倍数放大拍摄对象，产生虚化效果。

1.1.4 使用手机微距模式

使用微距模式拍摄的Plog照片，可以营造很好的背景虚化效果，而且对焦速度更快，主体也更加突出。

以华为P30手机为例，其有两种方式可以进入微距模式：第一，打开“相机”功能，进入“更多”界面，点击“超级微距”图标，即可进入“超级微距”拍摄界面，如图1-9所示；打开“相机”功能，对准需要拍摄的对象，相机自动识别需要拍摄的对象类型，然后自动进入微距模式。

建议新手在使用微距模式拍摄时，可以选择自动对焦模式，并通过前后移动手机来对拍摄主体进行对焦，轻松拍摄出专业的画面效果，如图1-10所示。

图1-9 “超级微距”模式

图1-10 微距模式拍摄效果

1.2 Vlog视频拍摄技巧

Vlog是一种视频形式，通常以日常生活为内容，通过Vlog能够留下更多的精彩时刻。本节主要介绍用手机拍摄Vlog视频时的一些技巧，帮助用户快速掌握各项功能。

1.2.1 如何拍出稳定清晰的画面

拍摄器材是否稳定，能够在很大程度上决定Vlog视频画面的清晰度，如果手机在拍摄时不够稳定，就会导致拍摄出来的视频画面摇晃，甚至变得十分模糊。因此，一定要在拍摄前将手机固定好，在拍摄过程中也要保持平稳，这样拍摄出来的Vlog视频画面效果才会清晰。下面介绍一些拍摄视频时稳定的持机方式和技巧。

大部分情况下，我们在拍摄Vlog视频时，都是用手持的方式来保持器材的稳定，如图1-11所示。拍摄时应两手持机，使用"夹住"的方式，这样会更加稳固。如果只能单手持机，最好用手紧紧握住手机。

图1-11　拍视频的持机方式

专家提醒

千万不要只用两根手指夹住手机，尤其在一些高的建筑、山区、湖面，以及河流等地方拍视频时，这样做手机非常容易掉落。

另外，用户可以将手肘放在一个稳定的平台上，减轻手部的压力，或者使用三脚架、八爪鱼及手持稳定器等设备来固定手机，并配合无线快门来拍摄视频。

三脚架主要用来在拍摄Vlog视频时更好地稳固手机，为创作清晰的Vlog视频作品提供一个稳定的支撑。购买三脚架时要注意，它的主要作用是稳定拍摄器材，所以需要结实。不过，由于三脚架经常要被携带，所以又需要其具有轻便和随身携带的特点。

图1-12为使用手机的“延时摄影”模式拍摄的星空延时Vlog视频，使用三脚架作为支撑设备，可保持手机的绝对稳定，避免画面的抖动。

图1-12　星空延时视频

1.2.2 利用手机自带的视频拍摄功能

随着手机功能的不断升级，几乎所有的智能手机都有视频拍摄功能，但不同品牌或型号的手机，视频拍摄功能也会有所差别。下面以苹果手机为例，介绍手机相机的Vlog视频拍摄功能和设置技巧。

在苹果手机上打开手机相机后，点击“视频”按钮切换至视频拍摄界面，如

图1-13所示。

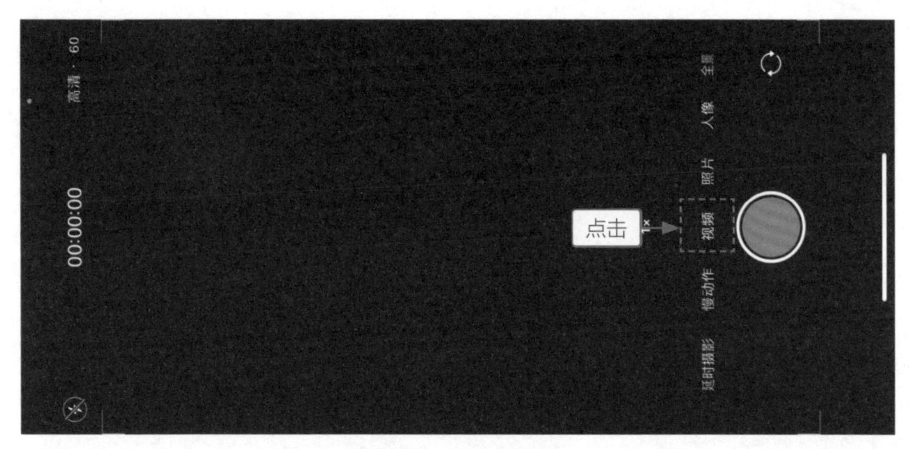

图1-13　视频拍摄界面

在视频拍摄界面，❶点击⚡图标，可以设置闪光灯，如图1-14所示；❷点击屏幕，拖曳太阳图标☀，在弱光情况下可以给视频画面进行适当补光；❸点击“高清”按钮，可以切换至4K分辨率，如图1-15所示。

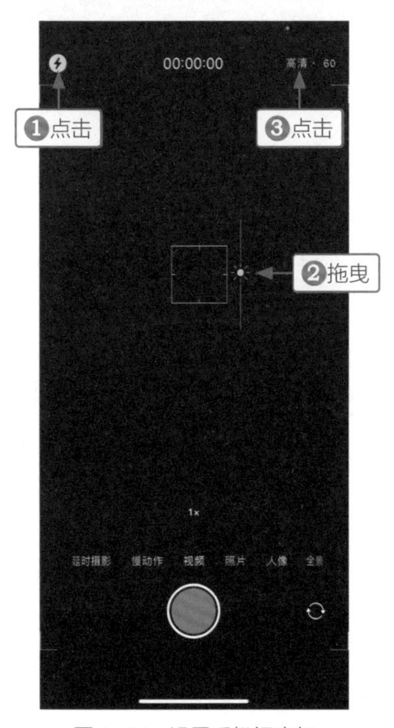

图1-14　设置手机闪光灯

图1-15　切换至4K分辨率

以苹果手机iPhone 11为例，其后置1200万像素双摄像头，且拥有光学图像稳定器(optical image stabilizer，OIS)，防抖功能非常强。使用苹果手机拍摄的城市风光Vlog视频，如图1-16所示。

图1-16　城市风光Vlog视频

1.2.3 设置手机视频的分辨率

在拍摄Vlog视频之前，用户需要设置合适的视频分辨率。通常建议将分辨率设置为1080P(FHD)、18：9(FHD+)，或者4K(UHD)模式。

- 1080P(FHD)，即全高清模式(full high definition)，一般能达到1920×1080的分辨率。
- 18：9(FHD+)，是一种略高于2K的分辨率，也就是加强版的1080P。
- 4K(UHD)，即超高清模式(ultra high definition)，其分辨率4倍于全高清模式。

专家提醒

抖音短视频的默认竖屏分辨率为1080×1920、横屏分辨率为1920×1080。用户在抖音上传拍好的短视频时，系统会对其进行压缩，因此建议用户先对视频进行分辨率处理，避免上传后产生画面模糊的现象。

上面提到了苹果手机在“视频”界面中可以直接切换分辨率，同样，在设置界面中也可以设置其分辨率。在手机的“设置”界面中，❶选择“相机”选项，进入“相机”界面；❷选择“录制视频”选项，进入“录制视频”界面，即可看到手机视频的分辨率；❸用户可以根据需求选择合适的视频分辨率，如图1-17所示。

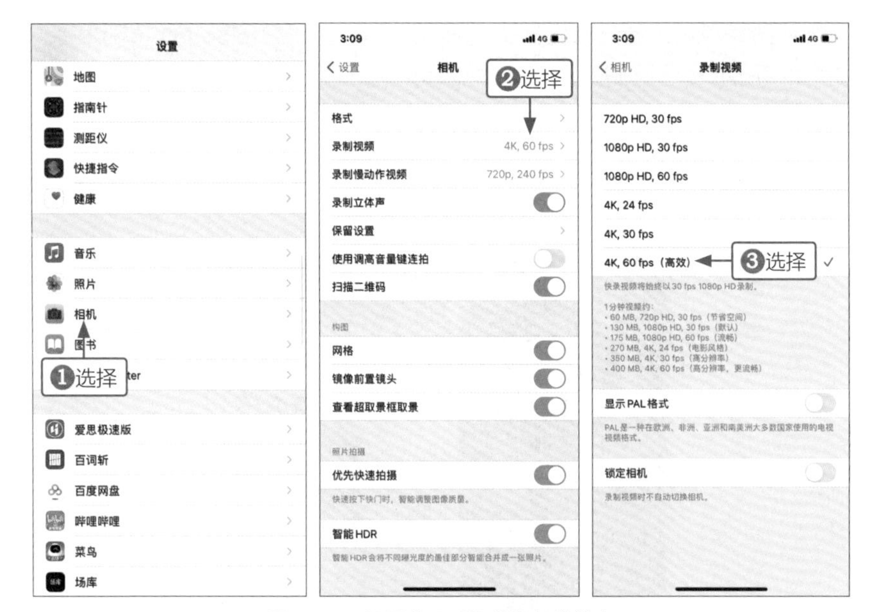

图 1-17　设置苹果手机的视频分辨率

以苹果手机iPhone 11为例，这款手机前后摄像头都支持4K视频的拍摄，即使是城市夜景也能轻松应对，如图1-18所示。

图 1-18　城市夜景视频

1.2.4 设置手机对焦拍出清晰画面

对焦是指通过手机或相机内部的对焦功能来调整物距和相距的位置，从而使拍摄对象清晰成像的过程。在拍摄Vlog视频时，对焦是一项非常重要的操作，是影响画面清晰度的关键因素，尤其是在拍摄运动状态的主体时，对焦不准画面就会模糊。

要想实现精准对焦，首先要确保手机镜头的洁净。手机的镜头通常都是裸露在外面的，如图1-19所示，一旦沾染灰尘或污垢等杂物，就会对视野造成遮挡，还会使进光量降低，从而导致无法精准对焦，拍摄的视频画面也会虚化。因此，对于手机镜头的清理不能马虎，用户可以使用专业的清理工具或柔软的布，将手机镜头上的灰尘清理干净。

图1-19　裸露在外面的手机镜头

手机通常都是自动进行对焦的，但在检测到主体时，会有一个短暂的合焦过程，此时画面会轻微模糊或者抖动一下，如图1-20所示。

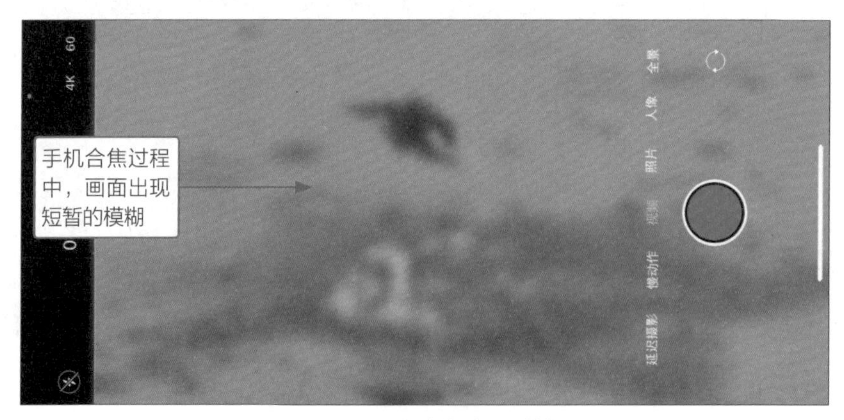

图1-20　手机合焦时画面模糊

用户可以等待手机完成合焦并清晰对焦后，再按下快门去拍摄视频，如图1-21所示。

图1-21　手机完成对焦后再按快门

大部分手机会自动将焦点放在画面的中心位置或者人脸等物体上，用户在拍摄视频时也可以通过点击屏幕的方式来改变对焦点的位置，如图1-22所示。

图1-22　以人脸作为对焦点

专家提醒

很多手机带有“自动曝光/自动对焦锁定”功能，可以在拍摄视频时锁定对焦，让主体始终保持清晰。例如，苹果手机在拍摄模式下，只需长按屏幕2秒，即可开启“自动曝光/自动对焦锁定”功能。

1.2.5　巧用手机的变焦功能拍摄远处

变焦是指在拍摄视频时将画面拉近，从而拍到远处的景物。通过变焦功能拉近画面，还可以减少画面的透视畸变，获得更强的空间压缩感。不过，变焦也有弊端，那就是会损失画质，影响画面的清晰度。

以苹果手机为例，在视频拍摄界面，“视频”按钮的上方可以看到一个变焦数字显示，如图1-23所示。点击数字，即可调整焦距放大画面，如图1-24所示。

图1-23　视频拍摄界面变焦数字显示

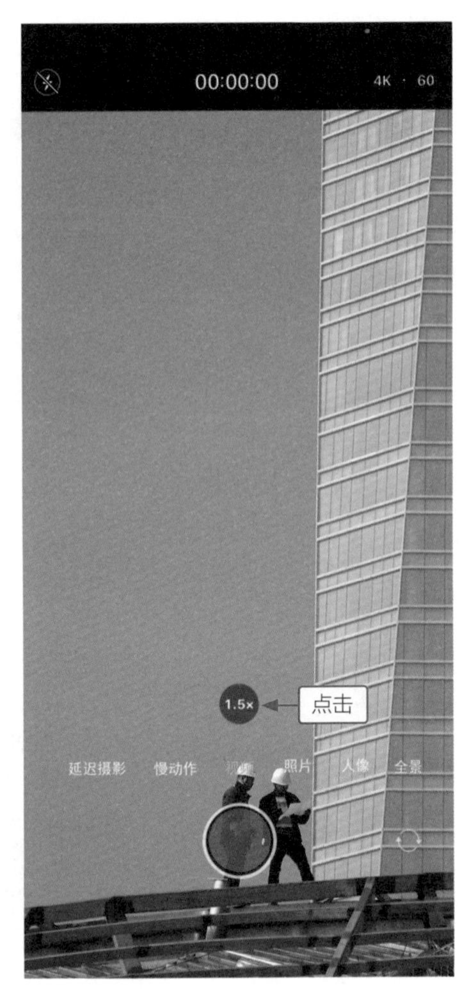

图1-24　调整焦距放大画面

用户也可以通过双指在屏幕上捏合或展开，进行变焦调整，如图1-25、图1-26所示。

图1-25　双指捏合屏幕变焦

图1-26　双指展开放大画面

专家提醒

用户还可以通过在手机上加装变焦镜头，在保持原拍摄距离的同时，仅通过变动焦距来改变拍摄范围，对于画面构图非常有用。变焦镜头可以在一定范围内改变焦距比例，从而得到不同宽窄的视场角，使手机拍摄远景和近景都毫无压力。

1.2.6　使用手机的多种视频拍摄模式

很多手机除了普通的视频拍摄功能外，还设置了一些特殊的拍摄模式。以华为P30手机为例，其特有的“慢动作”“趣AR”“双景录像”“动态照片”“水下相机”等功能，可以帮助用户拍出不一样的Vlog视频效果，如图1-27所示。

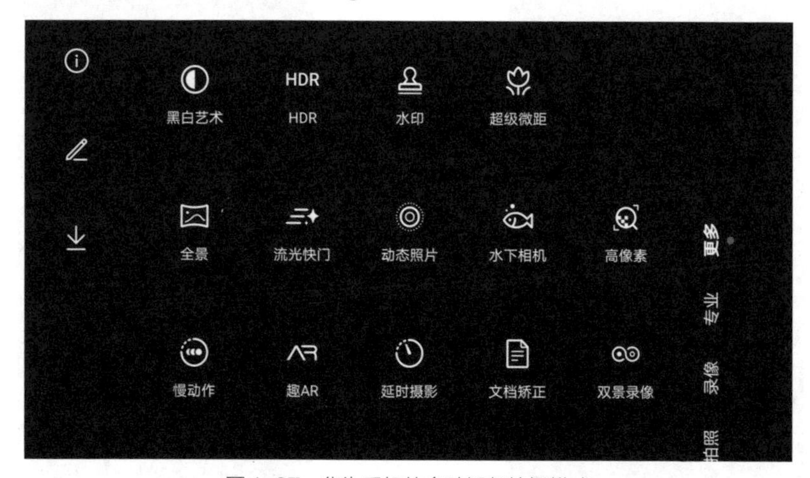

图1-27　华为手机的多种视频拍摄模式

在“更多”界面中，点击ⓘ图标进入“详情”界面，即可看到相关拍摄模式的功能说明，如图1-28所示。

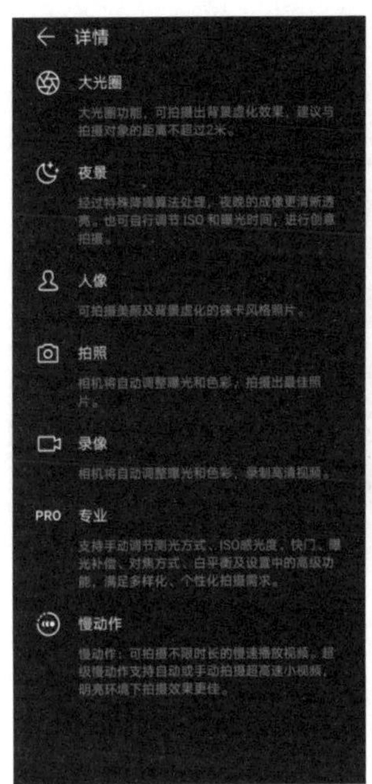

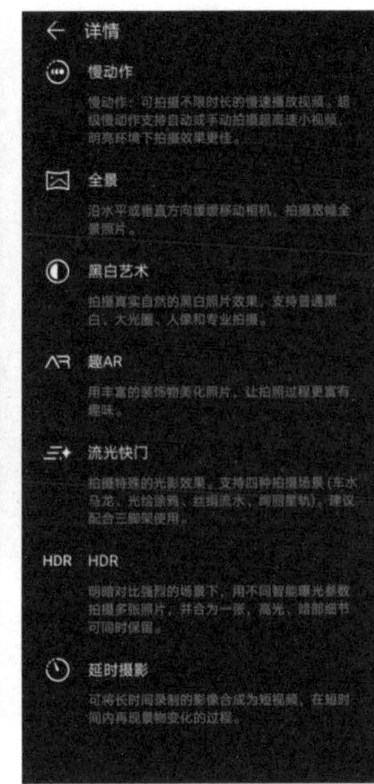

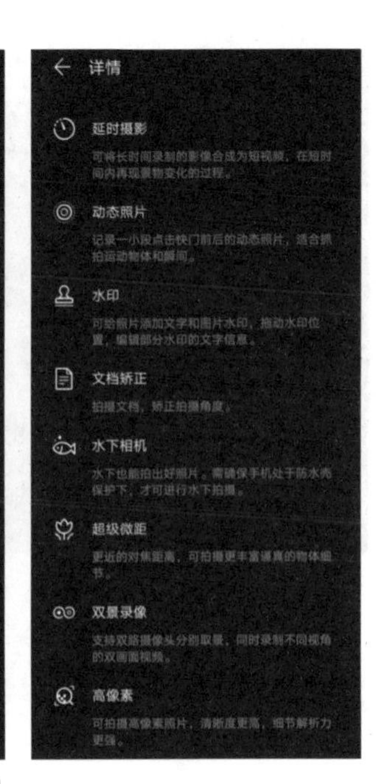

图1-28　拍摄模式的功能说明

1. 慢动作

“慢动作”视频的拍摄方法与普通视频一致，但播放速度会被放慢，呈现出一种时间停止的画面效果。在“更多”界面中选择“慢动作”模式，进入拍摄界面，可以看到功能提示，如图1-29所示。在“慢动作”拍摄界面中，点击下方的倍数参数，默认为32X，如图1-30所示。

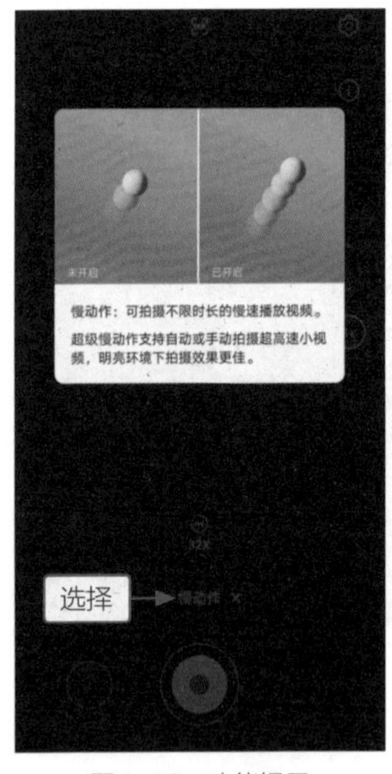

图1-29　功能提示

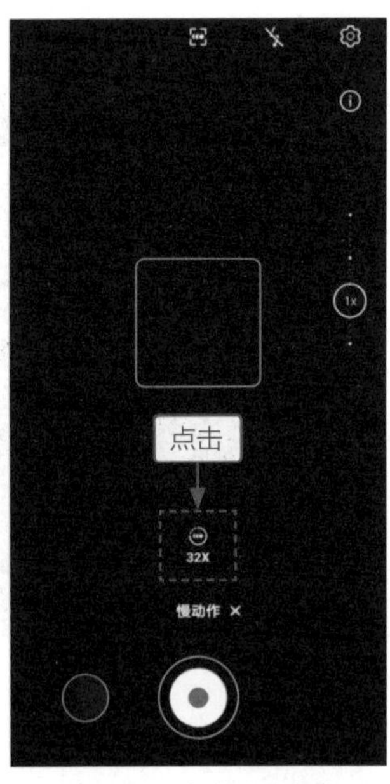

图1-30　点击倍数参数

执行操作后，在“慢动作”模式控制条中拖曳滑块，选择相应的倍数参数，如图1-31所示。使用同样的操作方法，设置帧数模式，其中960帧/秒是超级慢动作模式，如图1-32所示。

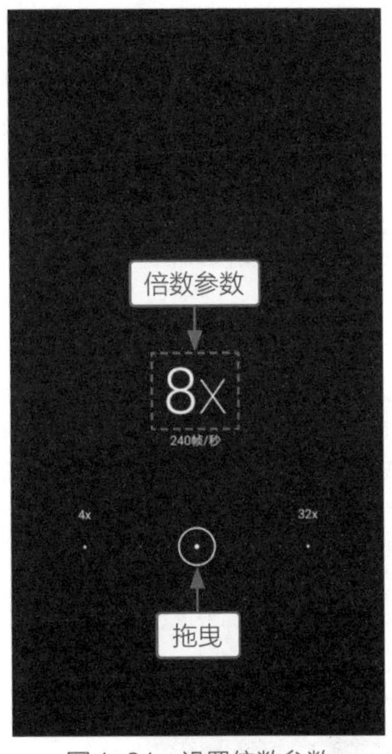

图1-31　设置倍数参数

图1-32　设置帧数模式

点击图标，可以开启运动侦测功能，开启后图标显示为，如图1-33所示。使用运动侦测功能可以在拍摄视频时自动检测取景框中的运动物体，非常适合拍摄飞驰的汽车、泡沫破裂，或者水珠飞溅等高速运动的Vlog视频场景，如图1-34所示。

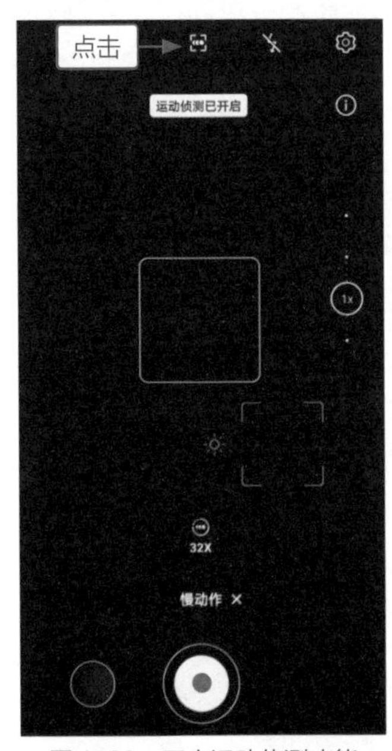

图1-33　开启运动侦测功能

图1-34　高速运动的场景

2. 趣 AR

“趣AR”是一种结合增强现实(augmented reality，AR)技术打造的趣味拍摄功能，可以在画面中添加一些虚拟的场景或形象，让Vlog视频变得更加有趣。

在“更多”界面中选择“趣AR”模式，进入拍摄界面，其中包括3D Qmoji和“手势特效”两个功能。在3D Qmoji菜单中，用户可以点击相应的萌趣表情包，即可在视频画面中使用，如图1-35所示。点击左上角的GIF图标，然后长按快门即可录制动态表情包。

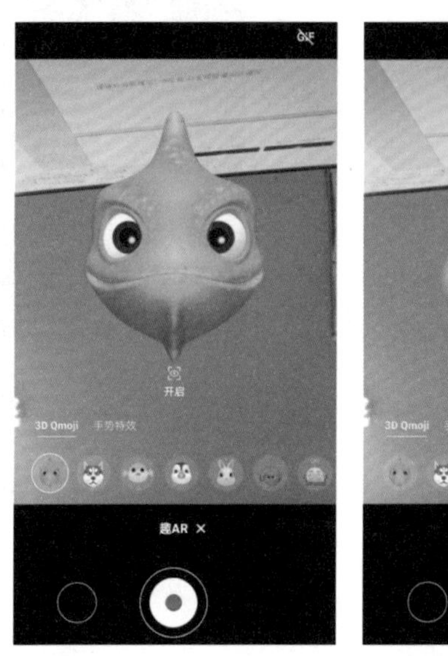

图 1-35　3D Qmoji拍摄模式

切换至“手势特效”选项卡，根据屏幕提示做出相应的手势动作，屏幕中即可出现对应的视频特效，非常适合拍摄各种手势卡点舞类型的Vlog视频，如图1-36所示。

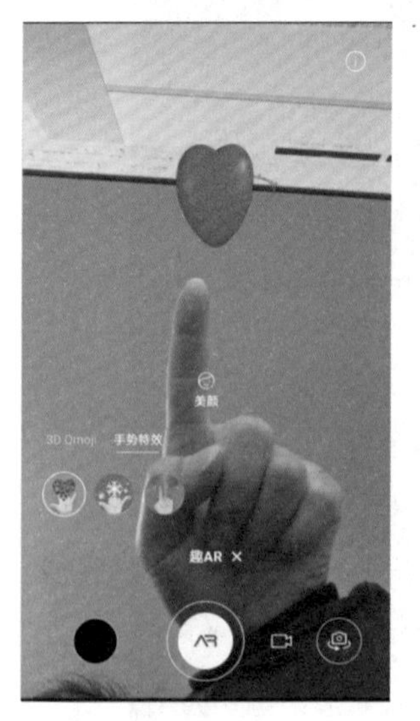

图 1-36　“手势特效”拍摄模式

3. 双景录像

“双景录像”模式主要是通过广角镜头和长焦镜头来实现的，广角镜头用于拍摄全景画面，长焦镜头则用于拍摄特写画面。

在“更多”界面中选择“双景录像”模式，进入拍摄界面，即可同时拍摄特写和全景，不错过画面中的每个角度，如图1-37所示。在使用“双景录像”模式拍摄视频时，同样能够使用变焦功能将远处的景物拉近拍摄。

图1-37　“双景录像”拍摄模式

4. 动态照片

“动态照片”模式可以让拍摄的照片动起来，能够将照片保存为连续动态的片段，同时可以像视频一样进行动画的回放操作，如图11-38所示。在“更多”界面中选择“动态照片”模式，进入拍摄界面，如图1-39所示。需要注意的是，“动态照片”保存的效果为普通的图片格式(扩展名为jpg)，容量通常也比视频文件稍小一些。

5. 水下相机

“水下相机”模式可以让手机拍摄精彩的水下世界，适合拍摄泳池、海滩，以及浅水湾等场景。在“更多”界面中选择“水下相机”模式，进入拍摄界面。点击“录像”按钮，即可切换为视频拍摄模式，如图1-40所示。长按快门，即可录制Vlog视频，如图1-41所示。

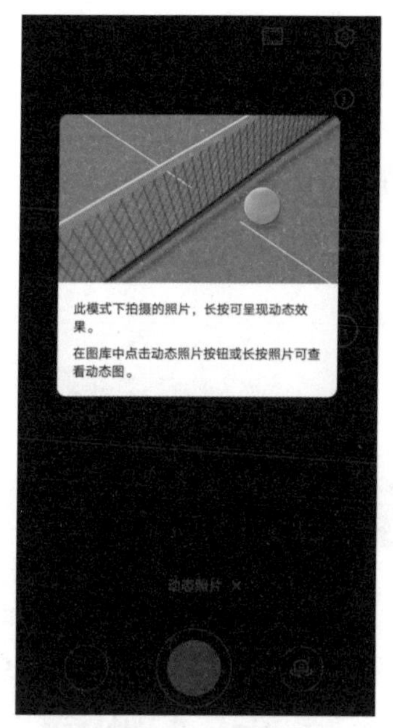

图1-38　功能提示

图1-39　“动态照片”模式

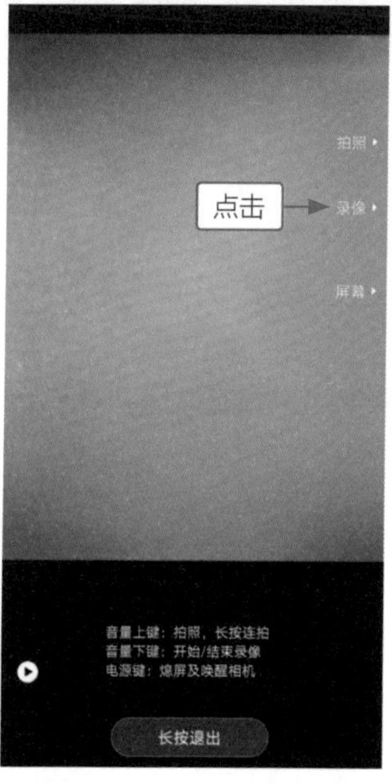

图1-40　点击“录像”按钮

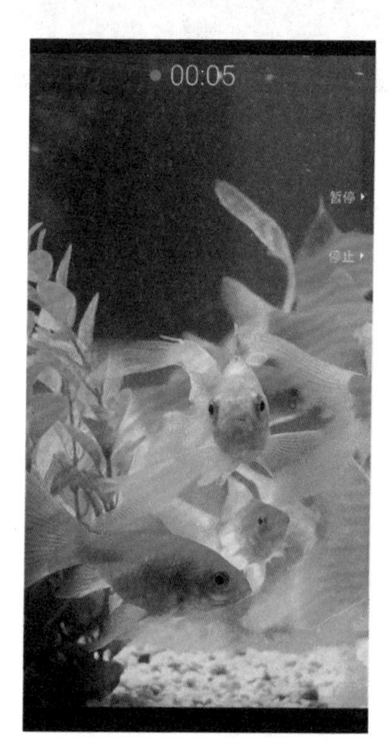

图1-41　录制Vlog视频

图1-42为使用荣耀30Pro＋手机的“慢动作”模式，拍摄的水下鱼群Vlog视频。该模式能够让快速游动的鱼群在视频中慢下来，捕捉到鱼群游动的瞬间。

图1-42　鱼群游动的Vlog视频

第2章
构图：随手拍的效果也能很美

如今，人们的业余生活越发丰富多彩，而智能手机的高配置与便捷性更是激发了人们用手机来记录美好生活的意愿。在使用手机拍摄的过程中，人们逐渐认识到构图的重要性，合理、漂亮的构图能够保证Plog照片或Vlog视频拥有丰富的表现力。

本节将讲解拍摄Plog照片或Vlog视频时的一些构图技巧，帮助用户拍出充满高级感的作品。

2.1 平面构图：拍出画面的“简洁之美”

平面构图法有多种不同的类型，但是它们有一个共同的特点，那就是以简单的线条和平面为基础来进行构图取景。在拍摄时，掌握好平面构图技巧，不但可以拍出画面的“简洁之美”，还能锻炼用户的大脑思维能力。

2.1.1 水平线构图，提高照片档次

水平线构图能够呈现出平静、舒适的视觉效果。同时，在面对晚霞、夜景等大场面的自然风光题材时，这种构图形式还可以让景色更加辽阔、浩瀚。

1. 水平线构图：拍摄大桥晚霞

在拍摄出现晚霞的大桥全景时，可以借助桥面或水面作为画面的水平线，使画面整体显得更加宽广，如图2-1所示。

图2-1　水平线构图拍摄的大桥晚霞

2. 水平线构图：拍摄城市夜景

使用手机拍摄城市夜景的Plog照片或Vlog视频时，倒影在水流的变化下会显得非常朦胧。将水平线放置在画面中央，可以让水面显得非常平静，并且能够表现水面的宽广，如图2-2所示。

夜景的拍摄需要长时间的曝光，可运用于水流的拍摄，使画面获得绸缎般的质感。水平线构图让建筑上的霓虹灯倒影如画，美不胜收，如图2-3所示。

图2-2　水平线构图拍摄的建筑夜景

图2-3　水平线构图拍摄的霓虹灯倒影

2.1.2 三分线构图，让画面更加美观

三分线构图，顾名思义，就是将画面从横向或纵向分为三部分。在拍摄Plog照片或Vlog视频时，将对象或焦点放在三分线的某一位置上进行构图取景，这不仅可以让画面主体更加突出，还可以让整体效果更加美观。

例如，在拍摄海景照片时，构图方式为天空占整个画面上方的三分之一，水面和岩石占整个画面下方的三分之二，形成了上三分线构图。这样不仅突出了画面的重点，而且在视觉效果上也更加壮观，令人震撼，如图2-4所示。

图2-4　上三分线构图拍摄的海景

用户在进行构图时，一定要根据取景对象和拍摄环境灵活变通。例如，下面这张Plog照片，拍摄者并没有将水平线作为分割线，而是将烟花的爆裂中心点作为连线，将这个水平规律的主体放在图像三分线的上方，如图2-5所示。

图2-5　上三分线构图拍摄的烟花

有时候，主体对象比较大，仅用一条线无法很好地展现它的全貌，此时我们可以结合“三分线＋面”的构图形式，将画面划分为3个面积相同的矩形，并将主体对象置于

其中一个矩形块内部，这样就形成了横向双三分线构图。

如图2-6所示，将喷泉和建筑主体放置在画面中间的三等分位置处，通过独特的三分线构图，可以使画面变得更加生动、富有活力。

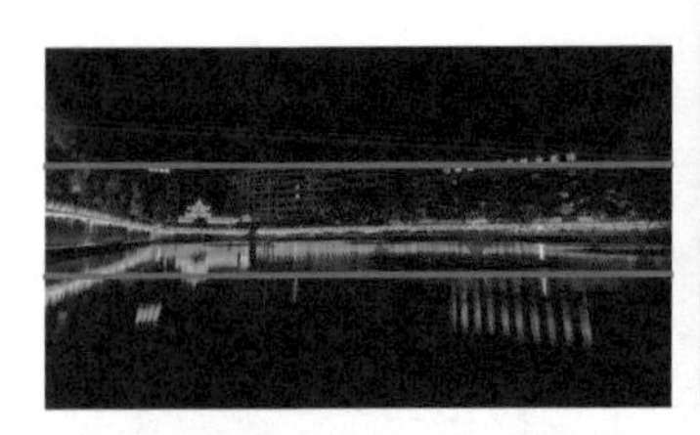

图2-6　横向双三分线构图

如图2-7所示，将最高的一幢大楼安排在左三分线上，可以使画面更加紧凑，同时起到了平衡画面并转移视线至右侧风景的作用，使水面在建筑灯光的照射下显得更加艳丽，为画面增添了美感。

图2-7　左三分线构图

2.1.3 九宫格构图，赋予画面新的生命

九宫格构图又叫井字形构图，是指用横竖各两条直线将画面等分为9个空间，不仅可以让画面更加符合人们的视觉习惯，还能突出主体、均衡画面。使用九宫格构图，不仅可以将主体放在4个交叉点上，也可以将其放在9个空间格内，使主体非常自然地成为画面的视觉中心。

如图2-8所示，将一块岩石安排在九宫格右下方的交叉点上，让观看者的焦点一下就集中在画面主体上。从视觉习惯上讲，右下角是最后的交叉点，所以这种构图往往可以带来别样的艺术效果。

图2-8　九宫格右下单点构图

当然，不同的位置有不同的视觉效果，例如在4个交叉点中，上面的两个点会比下面的两个点更能呈现变化与动感，为画面带来的活力也更强一些。

2.1.4 斜线构图，使画面充满动感与活力

在Plog照片或Vlog视频的拍摄中，斜线构图是一个使用频率很高，且颇为实用的构图方法。斜线构图是在静止的横线上出现的，产生静谧之感，同时斜线的纵向延伸可加强画面深远的透视效果，斜线构图的不稳定性可以使画面富有新意，给人以独特的视觉感受。此外，利用斜线构图还可以使画面产生三维的空间效果，增强立体感，使画面充满动感与活力，且富有韵律感和节奏感。

通过斜拍取景的方式，可以使建筑的透视形成斜线构图，让主体元素填满画面，创造平衡感的同时为画面增添更多动感，如图2-9所示。

图2-9　斜线构图拍摄的建筑

使用斜线构图拍摄照片时，稍微多转动手机镜头可以让画面的视觉效果更加新鲜。如使用斜线构图拍摄的大桥，具有很强的视线导向性，如图2-10所示。

图2-10　斜线构图拍摄的大桥

2.1.5 黄金分割构图，构图的经典定律

黄金分割构图是以1：1.618的黄金比例作为基本理论，可以让我们拍摄的Plog照片或Vlog视频更自然、舒适，更能吸引观众的眼球。

黄金分割构图的适用场景，为画面中有主体对象，或主体对象存在某一个特别显眼的亮点。如图2-11所示，将画面中的主体塔楼放置在左上角的黄金分割点上，能够吸引欣赏者更多的注意力，同时还能增强画面的层次。

图2-11　黄金分割线构图

图中的黄金分割线为黄金螺旋线，它是根据斐波那契数列画出来的螺旋曲线，是自然界最完美的经典黄金比例。需要注意的是，使用黄金螺旋线构图拍摄Plog照片或Vlog视频时，最好先提前将要拍摄的焦点，在线与线交汇处校准好，这样才能拍摄出完美比例的画面。

2.2 空间构图：拍出立体感十足的效果

前面介绍了二维平面的一些基本构图技巧，本节主要介绍一些空间感非常强烈的构图形式，如透视构图、框式构图、对称构图、倒影构图、明暗构图及几何形态构图等。通过在Plog照片或Vlog视频中营造空间感，可以增强欣赏者的代入感，使其产生身临其境之感，达到情感上的共鸣。

空间构图的形式灵活，画面效果也非常丰富，可以极大地开阔用户的创新思维，拍出更美、更好的Plog照片或Vlog视频作品。

2.2.1 透视构图，给画面带来强烈的纵深感

近大远小是基本的透视规律，绘图是这样，摄影也是如此，透视构图可以增加画面的立体感。如图2-12所示，桥面建筑与地面形成了一种极强的透视感，近处的路面宽，远处的路面慢慢变小直至消失于一点，极具视觉冲击力，这就是透视构图的表现。

图2-12 中心透视构图拍摄的桥面

斜线原本是一种静止的状态，但在透视的影响下，多条斜线的纵向延伸又呈现出一定的运动特性，为画面带来了层次和变化。如图2-13所示，建筑与路灯一直从画面右侧由近及远延伸，呈现出非常明显的透视效果，画面右侧的建筑与路灯比较大，而画面左侧的建筑与路灯则逐渐聚合到一起，产生极强的纵深感与运动感。

图2-13　斜线透视构图拍摄的建筑与路灯

使用双边透视构图，可以让画面更有空间感。在线条的汇聚过程中，有些直线和平行线都以斜线的方式呈现，这样让画面更有视觉张力。如图2-14所示，使用双边透视构图拍摄的喷泉，纵深感极强。

图2-14　双边透视构图拍摄的喷泉

2.2.2 框式构图，透过“窗”看外面的风景

框式构图也叫框架式构图，也有人称其为窗式构图和隧道构图。框式构图的特征，是借助某个框式图形来构图，而这个框式图形，可以是规则的，也可以是不规则的，可以是方形的，也可以是圆形的，甚至是多边形的。

框式构图的原理是通过门窗等框架作为前景，可以起到突出主体的作用。如图2-15所示，照片就像画作一样，将主体放在框中合适的位置，框式构图有助于主体与前景很好地结合在一起，并使主体更加突出形成不一样的画面效果。

图2-15　框式构图拍摄的古建筑

专家提醒

框式构图可以让欣赏者感受到，由框内对像和框外空间所组成的多维空间感。用户还可以将框里框外的多个空间元素组合在一起，这样可以更好地提升空间层次。

2.2.3 对称构图，平衡和谐让照片更出彩

对称构图是指画面中心有一条线把画面分为对称的两份，可以是画面上下，也可以是画面左右，或者是画面斜向，这种对称画面会给人一种平衡、和谐的感觉。

中国传统艺术讲究的就是对称，上下对称、左右对称，对称的景物会让人感到画面稳定。如图2-16所示，就是采用左右对称的拍摄手法，通过垂直线将画面一分为二，使画面左右的景物相互呼应，打造出空灵、纯净的画面效果，让照片达到一种平衡感。

图2-16　对称构图拍摄的古建筑

2.2.4 倒影构图，得到别具一格的画面效果

生活中我们经常会看到很多能够产生倒影的平面，如镜子、窗户、路面的积水、湖面、江面、地板及手机屏幕等，这些都可以作为反射面。在拍摄Plog照片或Vlog视频时，我们也可以利用各种反光面来创造独特的构图方式，得到别具一格的画面效果。

例如，在光线较足的时候拍摄水景，平静的水面能够将建筑完全清楚地倒映出来，这样的构图方式使画面别具一格，如图2-17所示。

图2-17　倒影构图拍摄建筑及倒影

拍摄倒影构图的画面时，要尽量将水平线放在画面中央，这样画面会显得更加对称、整齐，如图2-18所示。同时，用户还可以添加一些前景元素，如树木、楼层等，让画面意境更高、更具美感。

图2-18　将水平线放在画面中央拍摄的江景

2.2.5 明暗构图，纵深感瞬间增大空间

明暗构图，顾名思义，就是通过明与暗的对比来取景构图和布局画面，从色彩的角度让画面具有不一样的美感。明暗构图的关键在于，看拍摄者如何根据主体和主题进行搭配和取舍，以表达画面的立体感、层次感和轻重感等。如图2-19所示，通过暗色的天空和地面，来烘托明亮的主体建筑，这是一种以暗衬明的明暗构图手法，即以暗的背景或环境衬托出主体的明亮。

图2-19　明暗构图拍摄的牌坊

2.2.6 几何形态构图，让作品更具形式美感

几何形态构图主要是利用主体对象组合成一些几何形状，如矩形、三角形、方形和圆形等，让Plog照片或Vlog视频更具形式美感。

圆形构图主要是利用拍摄环境中的正圆形、椭圆形或不规则圆形等物体来取景，可以给观众带来旋转、运动、团结一致和收缩的视觉美感。圆形构图有着强大的向心力，能够让画面看上去更加优美、柔和。如图2-20所示，采用圆形构图拍摄的各种花朵，可以更直接地表达主题，也更容易创造引人关注的Plog照片或Vlog视频效果。

图2-20　圆形构图拍摄的花朵

三角形构图主要是指画面中有3个视觉中心，或者用3个点来安排景物构成一个三角形，这样拍摄的画面极具稳定性。三角形构图包括正三角形(坚强、踏实)、斜三角形(安定、均衡、灵活性)或倒三角形(明快、紧张感、有张力)等不同形式。如图2-21所示，拍摄者运用独特的思维，创新画面构图，使桥和建筑的关系形成了三角形构图，充满了强烈的视觉冲击力。

图2-21　三角形构图拍摄的桥和建筑

第3章

光影与色彩：让你的作品与众不同

如今，人们的欣赏水平越来越高，喜欢追求更有创造性的内容。因此，在拍摄照片或视频时，对于光影与色彩的把控成为非常重要的一个环节。完美的光影与色彩创造的视觉效果能够使画面更有意境，更具艺术气息。

本节重点讲述拍摄Plog照片或Vlog视频时一些光影与色彩的使用技巧，帮助用户拍出与众不同的作品。

3.1 自然光影，突出照片的层次与空间

光影是拍摄Plog照片或Vlog视频中非常重要的元素，能够为拍摄的作品增添更多的魅力。我们可以寻找和利用环境中的各种光影，在镜头中制造出光影感，让画面效果更加迷人。

本节主要介绍在顺光、逆光、侧光、直射光和散射光这5种自然光线下的拍摄技巧，帮助大家用光影来突出Plog照片或Vlog视频的层次感与空间感。

3.1.1 顺光的拍摄技巧

顺光是指照射在被摄物体正面的光线，其主要特点是受光非常均匀，画面比较通透，不会产生非常明显的阴影，而且色彩也非常亮丽。如图3-1所示，站在顺光的角度去拍摄美食，美食非常明亮，能够更好地表现出主体的色彩和细节。

图3-1 顺光拍摄的美食

不过，顺光拍摄的Plog照片或Vlog视频，由于反差非常小，其立体感和空间感会稍显不足。因此，我们需要从构图的角度去完善，例图主要采用了“45°俯拍取景＋虚实对比构图”的形式，使得画面主体更加突出。

3.1.2 逆光的拍摄技巧

逆光是指拍摄方向与光源照射方向刚好相反，也就是将镜头对着光拍照，可以产生明显的剪影效果，从而展现出被摄对象的轮廓线条。如图3-2所示，在晴朗的天气环境

下，庭院中的光线非常好，使用逆光拍摄一簇外形比较独特的枝叶。

图3-2　逆光拍摄的枝叶

通过逆光拍摄，可以看到叶子变得非常通透明亮，能够充分展现其叶脉和质感，光线透过叶子，能够提升画面的色彩饱和度。叶子与背景的颜色深浅变化，提高画面的层次感，大光圈虚化背景，获得虚实结合的画面，营造朦胧美。

使用逆光拍摄花卉或叶子时，我们可以结合镜头的景深和环境中的光线，以及景深范围外的光线，如树叶间隙的亮光点、树叶或小草上的亮光点等，使其形成模糊的光斑，来打造焦外光斑效果，营造画面的氛围感。

专家提醒

逆光拍摄Plog照片或Vlog视频时，可采用安卓手机专业模式中的点测光模式来进行测光。拍摄时还可以对环境进行恰当的补光，以保证主体获得准确的曝光，让主体在逆光情况下依旧能有足够的亮度。

3.1.3　侧光的拍摄技巧

侧光是指光源的照射方向与拍摄方向呈直角状态，因此主体被光源照射的一面非常明亮，而拍摄这一面则相对阴暗，画面的明暗层次感分明，可以体现出一定的立体感和空间感。

如图3-3所示，光线从画面的左侧照射过来，画面的明暗反差适中，既保证了画面有一定的亮度，也保证了人物的立体感和层次感。

图3-3　侧光拍摄的人物

3.1.4 直射光的拍摄技巧

直射光是指在阳光直接照射下的光线，其主要特征是非常明亮、强烈，会在物体表面形成强烈的反差效果，而且会产生较大的反光。

如图3-4所示，在户外的直射光照射下，拍摄角度与光源处于同一方向，不仅使荷花变得更有立体感，还显得画面的色彩非常靓丽。因为有了足够的光线，画面也变得更加生动、更有意境。

图3-4　直射光拍摄的荷花

3.1.5 散射光的拍摄技巧

散射光是指太阳受到了云层、雾气、树木或者建筑等物体的遮挡，光线变成了散射状态，没有直接照射到物体表面，这种光线的主要特点是非常柔和的，层次反差较小，色彩偏灰暗。

多云天、阴天、雨天，以及雾天的光线都属于散射光。在散射光环境下，需要选择好测光点，否则拍出来的照片会显得非常暗淡，缺乏层次感。如图3-5所示，这张照片的测光点和对焦点就选择了中景的花卉，在散射光照射下物体表面没有产生明显的阴影，画面的色彩也比较柔和。

图3-5　散射光拍摄的花卉

跟直射光相比，散射光的照射强度虽然略差一些，但在亮度没有太大变化的情况下，完全可以满足日常的Plog照片或Vlog视频的拍摄需求。

如图3-6所示，为一张使用散射光拍摄的鸟儿在花丛中飞翔的场景，光线照射非常均匀，即使从不同的角度去拍摄，画面的影调也没有太大的变化，能够带来细腻且丰富的质感。

图3-6　散射光拍摄的鸟儿

3.2 对比色彩，照片好看又和谐

在Plog照片或Vlog视频的拍摄过程中，各种不同的颜色相互组合时，可以通过形成的色彩对比来提高作品的关注度。对比与和谐并不是对立的，和谐的颜色组合也能形成对比，使画面更加好看。

3.2.1 互补色对比，让照片的冲击力更强

互补色能够产生强烈的对比效果，让画面的视觉冲击力更强、更有活力。互补色彩是指在24色相环上相距120°～180°的两种颜色，比较常见的互补色彩有红色和绿色、黄色和紫色、蓝色和橙色等。

在Plog照片或Vlog视频的拍摄中，采用互补色对比的方法，可以起到突出主体的作用。例如，在拍摄各种花卉时，可以用红色和绿色的互补色进行对比以增强视觉冲击力，色彩够鲜艳，作品也会更鲜活，如图3-7所示。

在后期制作中，还可以调整这两种颜色的明度和饱和度。如图3-8所示，将照片调整为以红色为主，再加一点绿色作为辅助，通过这种调和手段来中和色彩的突兀感，使其对比效果更加和谐。

图3-7　红色和绿色的互补色对比

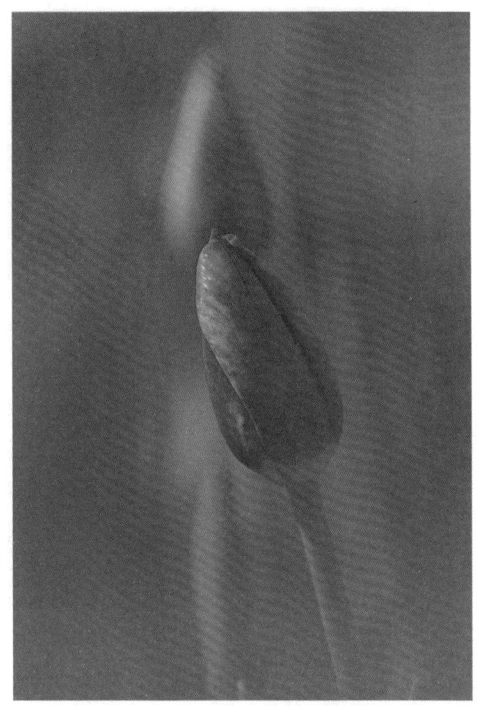

图3-8　用绿色辅助红色

专家提醒

色相指的是色彩原本的相貌，是我们一眼即可看到的色彩特征。例如，红色、绿色和蓝色是三原色，它们可以通过混合组成我们能在显示器中看到的所有颜色。其中，蓝色和黄色混合得到的间色就是绿色，而红色和蓝色混合得到的间色则是洋红色。

3.2.2 邻近色对比，让照片更加和谐统一

邻近色是指通过“原色＋间色”的混合，所产生的两种复色。例如，红色与黄色混合产生了橙色，再用红色与橙色进行混合就得到了橙红色；红色与蓝色混合产生了紫色，再用红色与紫色进行混合，就得到了紫红色。因此，橙红色与紫红色就是红色的邻近色。

黄色与绿色在色相环上也是邻近色，色彩的过渡变化比较平和，利用这两种颜色结合拍摄的画面能够给人带来一种稳定、和谐、统一的视觉感受，如图3-9所示。

图3-9　拍摄黄色与绿色的邻近色对比画面

3.2.3 明暗对比，突出照片的质感和形态

明暗对比指的是两种不同亮度的物体或颜色同时存在于Plog照片或Vlog视频之中，可以用来表现和烘托气氛，同时画面的视觉效果也会更加突出。

要拍出强烈的明暗对比画面，通常有以下两种方法。

(1) 对亮部测光。在拍摄前，我们可以将测光点对准画面中的亮部区域，这样不仅可以保证亮部区域的曝光准确，还能进一步压暗暗部区域。如图3-10所示，针对花朵进行测光，处于暗处的背景则由于曝光不足呈现出相对较黑的状态。

图3-10　通过对亮部测光形成明暗对比

(2) 选择受光面。利用各种景物的不同光照情况，选择主体位于受光面的场景，拍出明暗对比的效果，画面会更具层次感。如图3-11所示，右侧多肉植物的肉瓣在一簇光线的照射下较为明亮，而处于背光面的其他区域则显得相对昏暗，画面形成了明暗对比，使主体具有光影分明的美感。

图3-11　利用光照环境产生明暗对比

专家提醒

如果环境中的自然光线不足，也没有很明显的亮部区域，此时我们也可以用人造光来照亮主体，或者寻找较暗的背景来衬托主体，拍出明暗对比的效果。

另外，我们还需要对画面的明暗区域进行合理的布局和安排，使画面产生丰富的反差，从而获得更加充实、丰满的画面效果。

如果画面中的亮部区域面积非常大，则能够更好地突出较小面积的暗部区域。如图3-12所示，用大面积的亮白色背景来衬托深色调的食物主体。

如果画面中的暗部区域面积非常大，则能够更好地突出较小面积的亮部区域。如图3-13所示，用大面积的暗调背景来衬托亮色的食物主体。

图3-12　用亮部来衬托暗部的食物主体

图3-13　用暗部来衬托亮部的食物主体

3.3 常用电影感色彩表达方式

合适的色彩搭配不仅能够让Plog照片或Vlog视频在视觉上具有一定的舒适感，还可以营造出不一样的氛围、传递不同的情感与心理暗示，以及表达不同的立场和主题，甚至决定Plog照片或Vlog视频的视觉基调与故事走向。下面为大家介绍4种常见的电影感色彩表达方式，帮助用户了解基本的Plog照片或Vlog视频的色彩运用方向。

3.3.1 暗调复古绿

复古的绿色总是会给人一种怀旧的感觉，不管是拍摄人物还是景物，效果既清新又淡雅。在Plog照片或Vlog视频的拍摄与调节过程中，将整体色彩有意识地偏向复古绿，会使作品即浪漫又有情怀，充满着氛围感。

在拍摄人物时，将整体调色偏向复古绿，这种绿色在视觉上使观看者更加舒适，画面也更具故事感，如图3-14所示。

在拍摄风景时，暗调复古绿色调也是很常见的，整体的颜色使画面更具有意境，如图3-15所示。

图3-14　暗调复古绿的人像调色

图3-15　暗调复古绿的风景调色

3.3.2 港风胶片黄

港风胶片黄是一种比较含蓄的色调，主要以暖色为主，色彩基调是明亮而和谐的。暖色调给人以温暖和希望的感觉，主要强调色彩的协调与舒适。

如图3-16所示，为一组室内拍摄的港风胶片黄色调的Plog照片，在暖黄氛围的塑造下，图中的人物仿佛在向观众诉说什么，使画面看起来更自然、更真实。

图3-16　港风胶片黄的人像调色

在拍摄风景时，如日出、日落和晚霞等具有暖色光线的场景时，港风胶片黄常常有着传递画面故事性的作用，如图3-17所示。

图3-17　港风胶片黄的风景调色

3.3.3 清新夏日蓝

蓝色或许是忧郁的，但同时也能给人带来宁静与平和。蓝色调在很多场景都会用到，如湛蓝的天空、广阔无垠的海洋，清新的影调同样也适合拍摄人像，用该影调表达人物情感时会有更加含蓄的感觉。

如图3-18所示，借助水面与蓝天拍摄的蓝色调作品，画面中的人物虽然身着蓝色，但还是能与背景清晰区分开，整个画面舒适又充满韵味。

图3-18　清新夏日蓝的人像调色

3.3.4 热烈奔放红

红色常常代表着热烈与奔放，但红色是一种极难把控的色彩，在对色彩把控不熟练的情况下，拍摄的Plog照片或Vlog视频通常容易造成“过火”的画面。当用红色来拍摄人物时，通常会表现人物内心复杂的情感。

如图3-19所示，日落时分满屏的红色将热情与奔放展现得淋漓尽致，浓烈的画面色彩加强了作品的氛围感。

图3-19　热烈奔放红的风景调色

在色彩的把控上，需要拍摄的Plog照片或Vlog视频本身有这方面的色彩倾向才能往该方向去调整，画面才不会显得突兀，切忌生搬硬套。

接下来笔者为大家推荐一些在色彩表达上比较优秀的电影作品，希望大家能从中获得一些创作灵感。

(1)《天使爱美丽》，环境的装饰配合着色彩的运用，代表主人公丰富的内心世界。

(2)《梦》《罗生门》，构图和色彩紧跟情节发展，渲染着一股神秘的气息。

(3)《天才一族》《水中生活》《布达佩斯大饭店》，电影对色彩的运用出神入化，鲜艳明亮的色彩与对称的构图极具风格，令人印象深刻。

(4)《坠入》，这是一部在电影领域享誉颇高的影片，每个场景都充满了华丽而奇妙的色彩。

Plog美照篇

第4章

修图：用手机修出精美照片

Plog手机摄影与后期处理看起来很简单，但做起来其实并不容易。大家如果想用手机拍出满意的Plog摄影作品，就一定要学会相关的摄影技术，以及后期处理等技能，这些都是需要潜心学习和修炼的。

本章以Snapseed App为例，介绍一些后期调整技巧，让大家能够做出效果更好的Plog照片。

4.1 Snapseed：轻松调出Plog视觉系大片

Snapseed App是一款优秀的手机照片处理软件，只需指尖轻触，即可帮助我们美化和分享照片，轻松调出视觉系Plog照片。

4.1.1 为 Plog 照片添加暗角效果

在处理Plog照片时，为照片添加暗角，会使画面更加有神秘感。Snapseed App的“晕影”工具可以为照片添加暗角效果，也可以消除暗角效果，调整画面气氛的同时，还有着突出主体的作用。

下面介绍使用Snapseed App，为照片添加暗角效果的操作方法。

步骤 01 在 Snapseed App 中打开一张素材照片，如图 4-1 所示。

图4-1 打开素材照片

步骤 02 在界面中，❶点击✎按钮，打开工具菜单；❷选择“晕影”工具，如图 4-2 所示。

图4-2 在菜单中选择“晕影”工具

步骤 03 选择工具后，可以调整“外部亮度”和“内部亮度”两个参数。❶调整降低“外部亮度”的参数，形成暗角效果；❷按住蓝色圆点适当调整中心尺寸的大小，如图 4-3 所示。

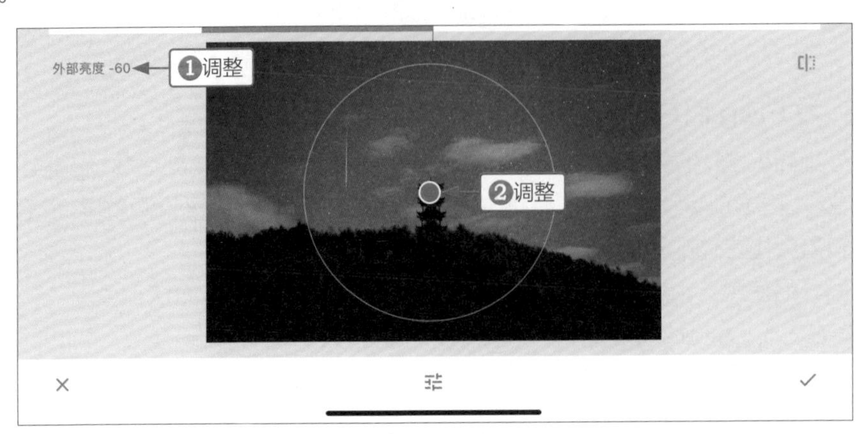

图4-3　添加暗角效果

步骤 04 ❶点击按钮；❷调整“内部亮度”的参数；❸点击✓按钮确认效果，如图 4-4 所示。

图4-4　调整内部亮度

专家提醒

在Snapseed App的工具菜单中，选择“调整图片”工具，并点击左下角的直方图图标，即可查看照片的直方图，显示图片中的色调分布情况。

步骤 05 执行上述操作后，导出并预览最终效果，如图 4-5 所示。为 Plog 照片添加暗角效果，不仅可以让拍摄的主体更加突出，还能增强画面的镜头感。

图4-5　调整后的照片效果

4.1.2　调整 Plog 照片的曝光度和对比度

Snapseed App的“调整图片”工具中，包含了亮度、对比度、饱和度、氛围、阴影、高光，以及暖色调等参数选项，可以轻松调整Plog照片的色彩和影调。

下面介绍使用Snapseed App，为画面增加曝光度和对比度的操作方法。

步骤 01 在 Snapseed App 中打开一张素材照片，点击工具按钮，如图 4-6 所示。

图4-6　点击工具按钮

步骤 02 打开工具菜单，选择“调整图片”工具，如图 4-7 所示。

图4-7　选择“调整图片”工具

步骤 03 在图片上垂直滑动，选择要调整的选项，选择后水平滑动即可精确修片。❶对该 Plog 照片的“亮度”和“对比度”参数进行调整；❷点击右下角的确认按钮✓完成图片调整，如图 4-8 所示。

图4-8　调整亮度和对比度参数

专家提醒

在“调整图片”工具中，各选项的含义如下。

(1) 亮度：可以调整Plog照片的亮度，向左调暗，向右则调亮。

(2) 对比度：可以提高或降低Plog照片的整体对比度。

(3) 饱和度：可以对Plog照片的色彩鲜明度进行调整。

(4) 氛围：使用照片滤镜调整Plog照片的光平衡。

(5) 阴影：可以单独调整Plog照片中的阴影部分的明暗程度。

(6) 高光：可以单独调整Plog照片中的高光部分的明暗程度。

(7) 暖色调：可以向Plog照片中添加暖色(正值)或冷色(负值)效果。

步骤 04 保存修改后，导出并预览照片最终效果，如图 4-9 所示。

图4-9 照片效果

4.1.3 制作浅景深 Plog 美图

Snapseed App中的“镜头模糊”工具，最主要的作用就是模拟大光圈镜头的景深效果，用户可以设置照片主体对象前后的清晰范围，营造出背景虚化的效果，从而实现突出主体的目的。

下面介绍使用Snapseed App，制作浅景深Plog照片的具体操作方法。

步骤 01 在 Snapseed App 中打开一张素材照片，点击工具按钮，如图 4-10 所示。

图4-10 点击工具按钮

步骤 02 打开工具菜单，选择“镜头模糊”工具，如图 4-11 所示。

图4-11　选择“镜头模糊”工具

步骤 03 切换为椭圆焦点⊙，按住中心点并拖曳，调整景深位置，使用双指张合手势可更改椭圆景深圈的大小和形状，控制模糊区域，如图 4-12 所示。

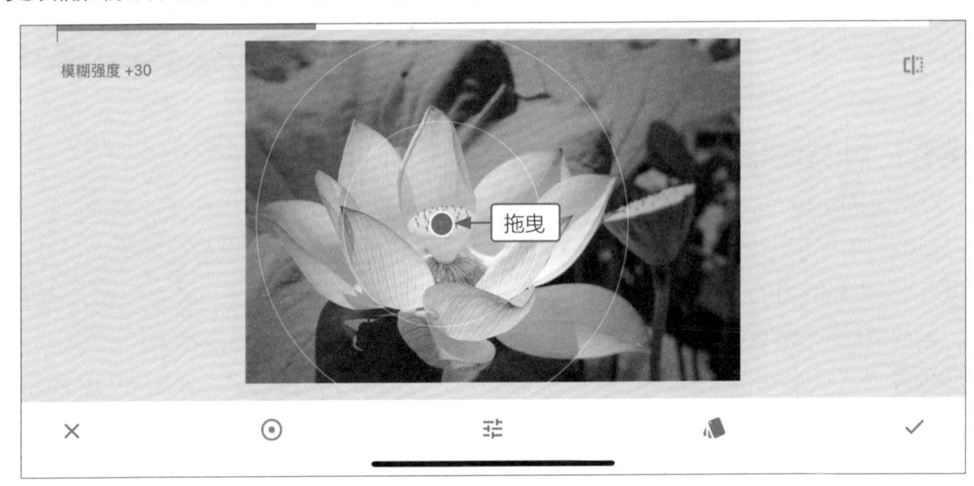

图4-12　调整焦点

步骤 04 在预览区中垂直滑动图片可以选择编辑菜单，分别设置“模糊强度”“过渡”“晕影强度”的参数，如图 4-13 所示。

在“镜头模糊”工具中，各选项含义如下：

“模糊强度”选项，可以增加或降低模糊效果的程度；

“过渡”选项，可以设置内焦点和模糊区域之间的淡出距离，使模糊过渡更平滑；

“晕影强度”选项，用于控制图片边缘的明暗，并在模糊效果中融入晕影。

图4-13 设置参数

步骤 05 保存修改后，导出并预览最终效果，如图 4-14 所示。本实例将荷花作为画面主体，而将其他的画面内容进行虚化处理，运用虚实对比的手法来突出主体。

图4-14 照片效果

4.1.4 调整 Plog 照片的局部光影

Snapseed App的“局部”工具，可以对慢门照片进行更为精细的调整，包括对光影、色彩和结构等的调整。

下面介绍使用Snapseed App，调整Plog照片局部光影的操作方法。

步骤 01 在 Snapseed App 中打开一张素材照片，如图 4-15 所示。

步骤 02 打开工具菜单，选择“局部”工具，进入调整界面，❶点击⊕按钮；❷点击图片中需要调整的区域放置控制点（控制点为蓝色高亮显示），如图 4-16 所示。

图4-15　打开素材照片

图4-16　放置控制点

专家提醒

长按控制点可以调出放大镜功能，能够对控制点进行更精确的定位。

步骤 03 上下滑动屏幕，可以调整“亮度”“对比度”“饱和度”“结构”这 4 个参数。这里主要对画面局部的亮度和饱和度进行调整，具体数值如图 4-17、图 4-18 所示。

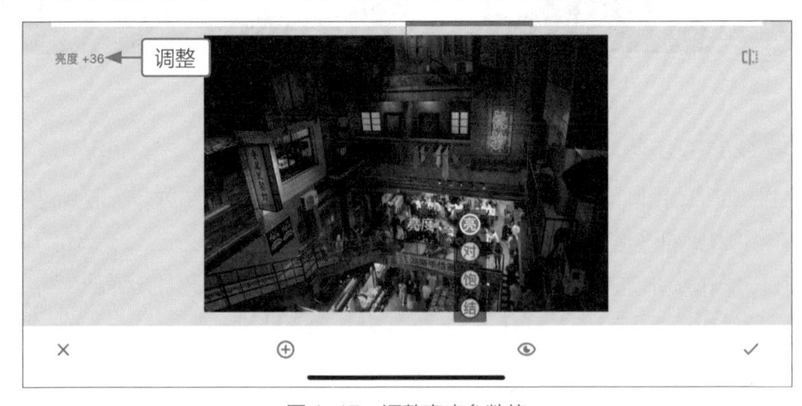

图4-17　调整亮度参数值

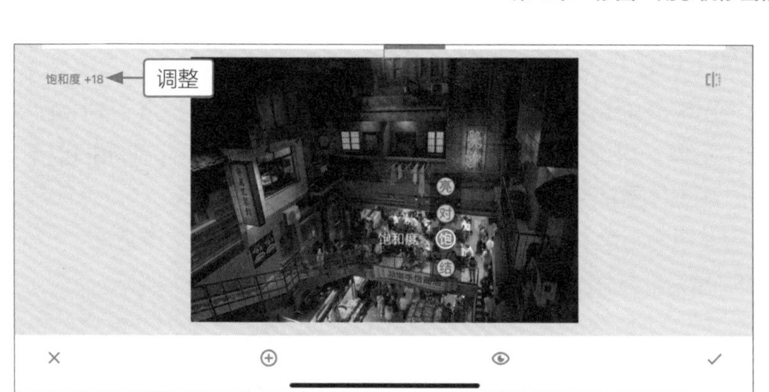

图4-18　调整饱和度参数值

步骤 04 用同样的方法，增加控制点，调整其他局部的影调，如图 4-19 所示。

图4-19　添加控制点

步骤 05 保存修改后，导出并预览最终效果，如图 4-20 所示。通过后期对画面局部最暗与最亮的部分进行调整，增强对比度，使画面更加和谐。

图4-20　照片效果

4.1.5 增加 Plog 作品的清晰度

图像是否足够清晰是评价一张Plog作品画质高低的重要标准。Snapseed App的“突出细节”工具，可以对Plog照片进行锐化处理，能够弥补前期拍摄不到位而留下的遗憾，同时让主体更加突出，从而获得清晰的Plog照片效果。

下面介绍使用Snapseed App，增加Plog作品清晰度的操作方法。

步骤 01 在 Snapseed App 中打开一张素材照片，如图 4-21 所示。

图4-21 打开素材照片

步骤 02 打开工具菜单，选择“突出细节”工具，进入调整界面，上下滑动屏幕，可以调整“结构”和“锐化”的参数，具体数值如图 4-22 所示。

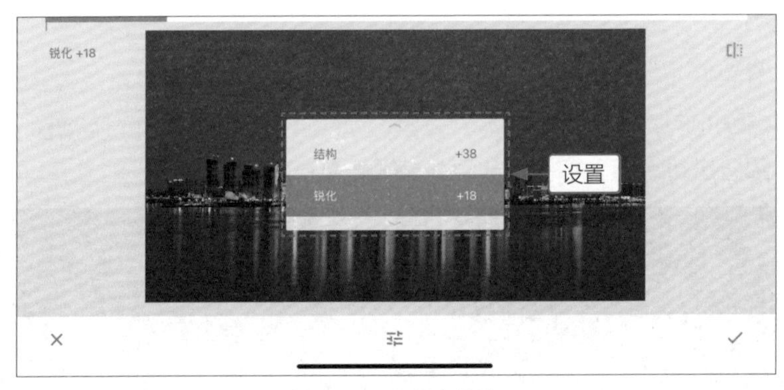

图4-22 设置参数值

步骤 03 保存修改后，导出并预览最终效果，如图 4-23 所示。

专家提醒

在“突出细节”工具中，各选项含义如下：

“结构”选项，可以增加照片中的细节，将数量参数逐渐向右调整，可以看到图像会越来越清晰，同时可以突出显示照片中对象的纹理且不影响边缘。

“锐化”选项，可以调整照片细节的锐化程度，来提高图像的清晰度。

图4-23　照片效果

4.2 Snapseed：让Plog照片瞬间变得更精彩

用户在学会Plog手机摄影与后期处理技巧后，还要将其“用活”，在照片中更多地注入个人的想法或品位，用自己的观念和角度来重新诠释这些功能。绝不能一味依赖技术，从而限制自身的想法和创作空间。

本节将介绍一些Snapseed App的高级修图功能，帮助我们将Plog手机摄影作品升华到一个新的境界。

4.2.1 控制好 Plog 照片的光线影调

Snapseed App中的“曲线”工具，可以对图像的影调进行精确调整。用户可以使用各种预设的曲线调整参数，如“中性”“柔和对比”“强烈对比”“调亮”“调暗”“淡出”等，也可以自行调整红色、绿色、蓝色，以及亮度等曲线形状，以调出自己想要的影调效果。具体操作方法如下。

步骤 01 在 Snapseed App 中打开一张素材照片，如图 4-24 所示。

步骤 02 打开工具菜单，选择“曲线”工具，如图 4-25 所示。

步骤 03 进入“曲线”调整界面，点击曲线，添加控制点，并拖曳控制点的位置，调整照片的光线亮度，如图 4-26 所示。

步骤 04 保存修改，导出并预览最终效果，如图 4-27 所示。

图4-24　打开素材照片

图4-25　选择“曲线”工具

图4-26　调整光线亮度

图4-27　照片调整效果

4.2.2 选择性地精修 Plog 照片局部

Snapseed App的“画笔”工具，可以有选择性地改变照片的局部效果，比“局部”工具更加精准，其主要功能包括“加光减光”“曝光”“色温”“饱和度”，如图4-28所示。点击右下角的👁图标，还可以显示画笔涂抹的蒙版区域，如图4-29所示。

图4-28 “画笔”工具组

图4-29 显示蒙版区域

“加光减光”选项，用于微调Plog照片中所选区域的明暗程度，如图4-30所示。

“曝光”选项，可以增加或降低Plog照片中所选区域的曝光量，如图4-31所示。

图4-30 局部加光减光

图4-31 局部曝光调整

“色温”选项，用于调整Plog照片中所选区域内的冷暖色调，如图4-32所示。

“饱和度”选项，用于提高或降低所选区域内的色彩饱和度，如图4-33所示。

图4-32　局部色温处理

图4-33　局部饱和度调整

4.2.3 去除 Plog 照片中的多余杂物

在拍摄Plog照片时，可能会因为拍摄者的摄影技术不佳或手机的使用问题，使得拍摄出的照片中出现杂物和污点等情况，或者拍摄对象本身有一定的瑕疵。此时，则可以运用Snapseed App的“修复”工具来处理照片。具体操作方法如下。

步骤 01 在 Snapseed App 中打开一张素材照片，可以看到画面最右边有一个老旧的电源开关，如图 4-34 所示。

图4-34　打开素材照片

步骤 02 打开工具菜单，选择“修复”工具，进入调整界面，用手指在电源开关上涂抹，如图 4-35 所示。

步骤 03 执行上述操作后，即可去除电源开关，导出并预览最终效果，如图 4-36 所示。

图4-35　涂抹要修复的区域

图4-36　照片修复效果

4.2.4 打造梦幻般的 Plog 光晕效果

Snapseed App的“魅力光晕”工具，可以在画面中添加柔软且充满魅力的光晕，让照片效果显得更加梦幻。具体操作方法如下。

步骤 01 在 Snapseed App 中打开一张素材照片，如图 4-37 所示。

图4-37　打开素材照片

步骤 02 打开工具菜单，选择“魅力光晕”工具，进入调整界面，在底部的预设菜单中选择 3 选项，如图 4-38 所示。

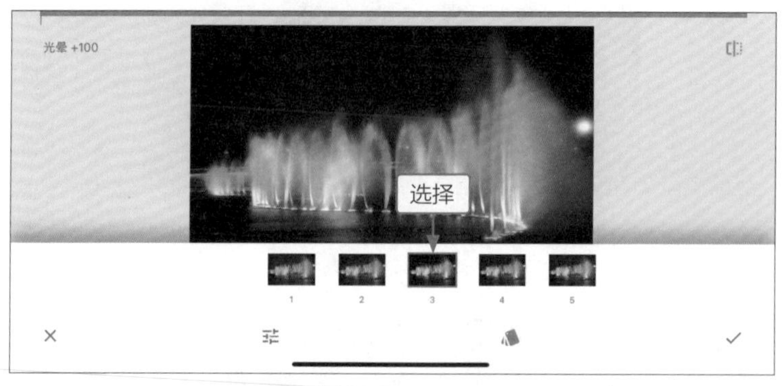

图 4-38　选择光晕效果

步骤 03 ❶点击按钮，调出自定义设置菜单；❷设置“光晕”“饱和度”“暖色调”的参数，如图 4-39 所示。

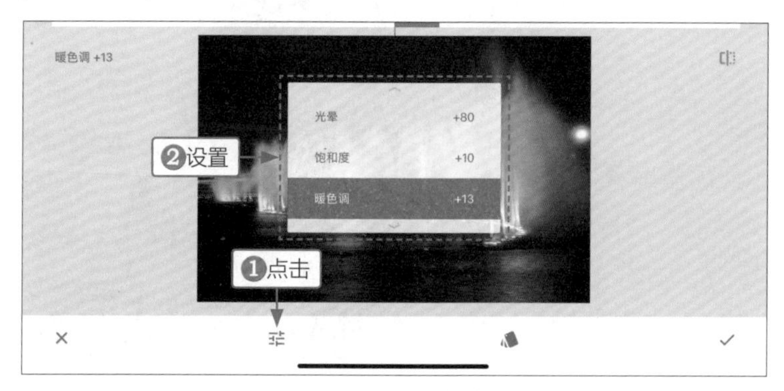

图 4-39　设置参数

专家提醒

在“魅力光晕”工具的自定义设置菜单中，各选项含义如下：

“光晕”选项，可调整画面的柔化程度；

“饱和度”选项，可调整画面的色彩鲜明程度；

“色温”选项，可调整暖色或冷色的整体色温。

步骤 04 保存修改后，导出并预览最终效果，如图 4-40 所示。可以看到，画面中的灯光和水面都变得更加朦胧。

图4-40　照片调整效果

4.2.5 制作双重曝光的 Plog 合成效果

Snapseed App的“双重曝光”工具，可以合成不同的照片，还可以结合“叠加模式”“透明度”和“图层蒙版”等功能，来进行抠图、换背景，以及增添局部元素等后期处理操作。

步骤 01 在 Snapseed App 中打开一张素材照片，如图 4-41 所示。

步骤 02 打开工具菜单，选择“双重曝光”工具，如图 4-42 所示。

图4-41　打开素材照片

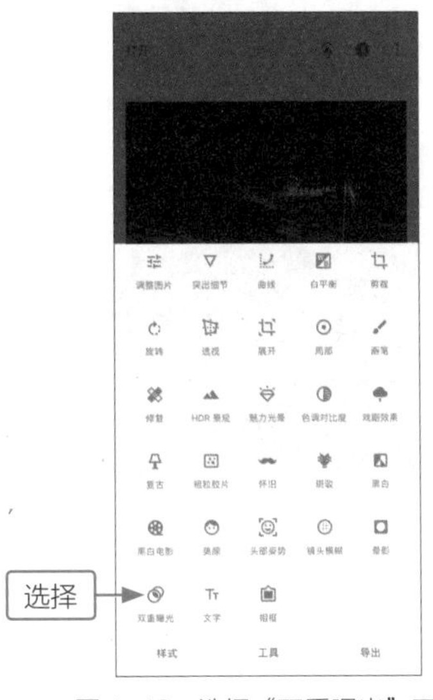

图4-42　选择“双重曝光”工具

步骤 03 进入“双重曝光”编辑界面，点击底部的添加按钮，如图 4-43 所示。

步骤 04 进入手机相册，选择需要合成的照片素材，如图 4-44 所示。

图4-43　点击添加按钮

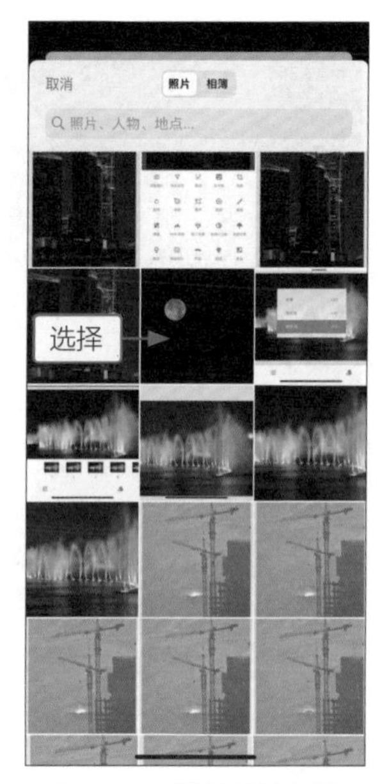

图4-44　选择照片素材

步骤 05 执行操作后，即可合成两张照片，如图 4-45 所示。

步骤 06 在预览区中，适当调整月亮素材的大小和位置，如图 4-46 所示。

图4-45　合成照片

图4-46　调整月亮素材

步骤 07 点击底部的叠加模式按钮，在弹出的叠加模式菜单中选择“加”选项，如图 4-47 所示。

步骤 08 点击底部的透明度按钮，拖曳滑块适当调整叠加的强度，让月亮更加凸显，如图 4-48 所示。

图4-47　选择“加”选项

图4-48　调整透明度

步骤 09 点击✓按钮确认合成处理，返回主界面，点击按钮，如图 4-49 所示。

步骤 10 在弹出的菜单中，选择“查看修改内容”选项，如图 4-50 所示。

图4-49　点击相应按钮

图4-50　选择“查看修改内容”选项

步骤 11 ❶在修改内容菜单中，选择“双重曝光”选项；❷在弹出的菜单中点击画笔图标，如图 4-51 所示。

步骤 12 使用图层蒙版功能，涂抹需要保留的叠加图层区域，把月亮抠选出来，如图 4-52 所示。

图4-51　点击画笔图标

图4-52　把月亮抠选出来

步骤 13 使用“局部”工具适当调整月亮区域的“亮度”和“饱和度”，如图4-53所示。

步骤 14 保存修改后，导出并预览最终效果，如图4-54所示。

图4-53　调整月亮局部图像

图4-54　照片最终效果

第5章
调色：让照片呈现多种风采

调色，是制作一张出色的Plog照片的必要环节，通过选择合适的滤镜，不仅能够改善一些照片前期拍摄中存在的不足，还能使Plog照片更具风采。

本章主要选取在调色方面比较出色的两款手机App——醒图与黄油相机，从中选择一些常用且热门的滤镜调色功能，帮助用户快速掌握Plog调色技巧。

5.1 醒图：5款热门色调

醒图App以滤镜种类繁多而被广泛使用，除了基本的人像、风景等滤镜，它还具备了油画、梦幻等极具风格色彩的滤镜效果，以及叠加滤镜的功能。本节将介绍醒图App中较为热门的5款滤镜，帮助用户快速掌握调色技巧。

5.1.1 浪漫油画色调

当拍摄到一张充满意境的Plog照片时，使用浪漫油画色调对画面进行调整，能够使照片极具美感又充满着神秘的气息，效果更加出彩。下面介绍调出浪漫油画色调的操作方法。

步骤 01 在醒图 App 中导入一张素材照片，进入操作界面后，点击“滤镜”按钮，如图 5-1 所示。

步骤 02 在“滤镜”界面中，❶切换至“油画”选项卡；❷在下方的滤镜样式中选择“莫奈花园”样式；❸设置滤镜参数为 80，如图 5-2 所示。

图5-1　点击“滤镜”按钮

图5-2　选择并设置油画滤镜

专家提醒

美是相通的，在拍摄前期用户除了可参考一些优秀的Plog照片，还可以去参考一些名画，学习借鉴它们的构图及色彩搭配，为调色寻找更多的灵感。

步骤 03 ❶点击“调节”按钮；❷设置“光感”为 -10，如图 5-3 所示。按照同样的方法，设置“亮度”为 -11、“对比度”为 -16、“饱和度”为 20、“高光”为 -15、“色调”为 50、“颗粒”为 21，部分参数设置如图 5-4 ~ 图 5-8 所示。

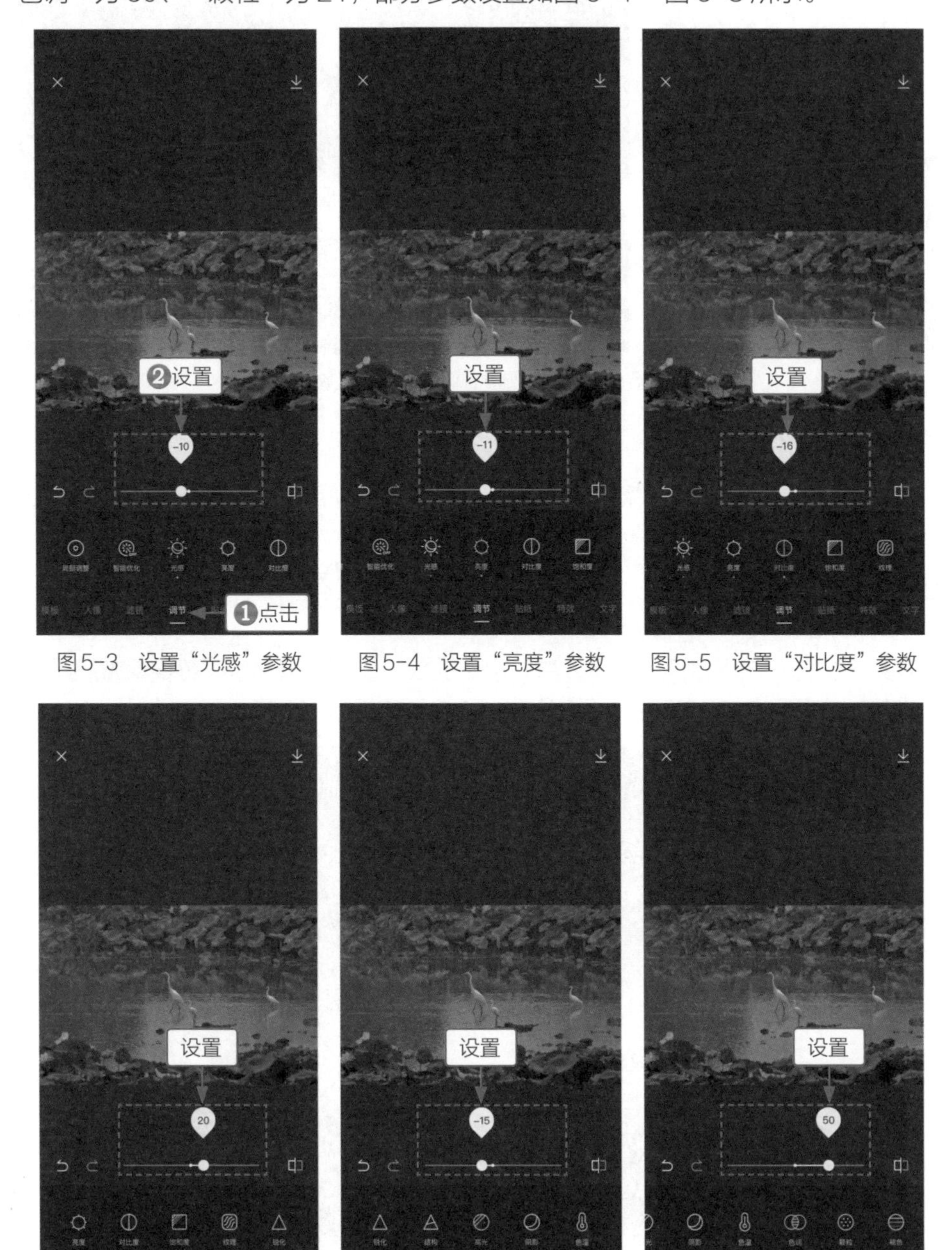

图 5-3 设置“光感”参数　图 5-4 设置“亮度”参数　图 5-5 设置“对比度”参数

图 5-6 设置“饱和度”参数　图 5-7 设置“高光”参数　图 5-8 设置“色调”参数

步骤 04 设置完成后，点击按钮，预览照片的前后对比效果，如图 5-9 所示。

图5-9　浪漫油画感色调的前后对比效果

5.1.2 温柔奶油黄色调

温柔奶油黄色调是一个在视觉上非常舒服的色调，适用于带有黄色元素且明亮影调的Plog照片。下面介绍调出温柔奶油黄色调的操作方法。

步骤 01 在醒图 App 中导入一张素材照片，进入操作界面后，点击“滤镜”按钮，如图 5-10 所示。

步骤 02 根据图片选择合适的滤镜效果，❶切换至“质感”选项卡；❷在下方的滤镜样式中选择“灰调”样式；❸设置滤镜参数为 100，如图 5-11 所示。

图5-10　点击“滤镜”按钮

图5-11　选择并设置滤镜

步骤 03 ❶点击“调节”按钮；❷设置“对比度”为 -21，如图 5-12 所示。按照同样方法，设置“锐化”为 31、“高光”为 100、“色温”为 30，部分参数设置如图 5-13、图 5-14 所示。

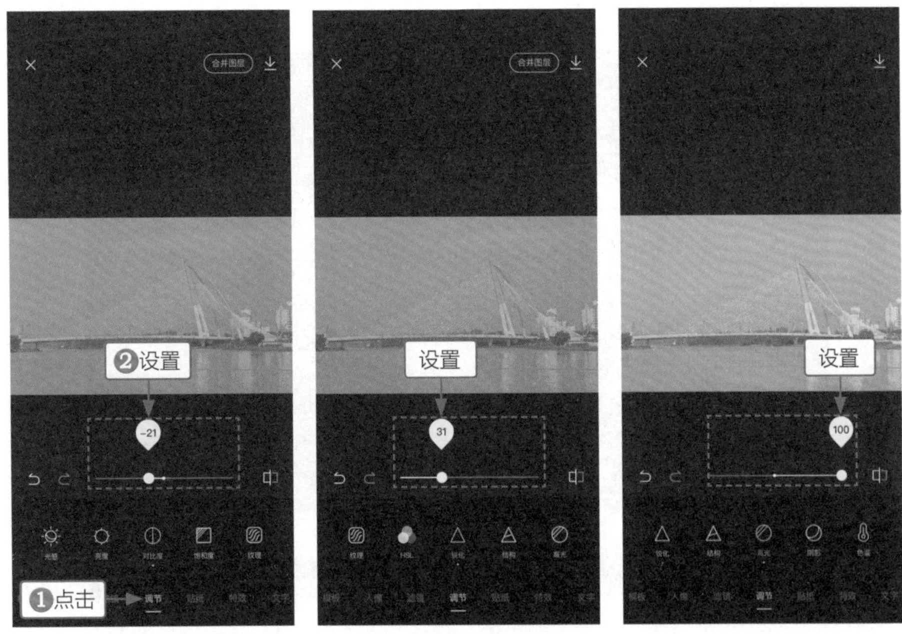

图5-12　设置“对比度”参数　图5-13　设置“锐化”参数　图5-14　设置“高光”参数

步骤 04 设置完成后，点击按钮，预览照片的前后对比效果，如图 5-15 所示。

图5-15　温柔奶油黄色调的前后对比效果

5.1.3 Ins 风质感色调

Ins风，是指社交软件instagram上的图片风格，该色调的整体质感偏重且富有细节，适用于建筑、街景等场景。使用Ins风质感色调调节人物Plog照片时，常常会显得人物形象更有张力。下面介绍调出Ins风质感色调的操作方法。

步骤 01 在醒图 App 中导入一张素材照片，进入操作界面后，点击“滤镜”按钮，如图 5-16 所示。

步骤 02 ❶切换至“质感”选项卡；❷在下方的滤镜样式中选择“椰林”样式；❸设置滤镜参数为 100，如图 5-17 所示。

图5-16　点击“滤镜”按钮

图5-17　选择并设置滤镜

步骤 03 ❶点击“调节”按钮；❷设置“亮度”为 18，如图 5-18 所示。按照同样的方法，设置“对比度”为 -11、“锐化”为 21、“结构”为 16、“高光”为 24，部分参数设置如图 5-19 所示。

图5-18　设置“亮度”参数

图5-19　设置“对比度”参数

步骤 04 设置完成后，点击⬇按钮，预览照片的前后对比效果，如图 5-20 所示。

图5-20 Ins风质感色调的前后对比效果

5.1.4 通透夏日蓝色调

通透夏日蓝色调是一款非常适合夏天的色调，在色调调节上通常会降低饱和度与色温，使画面看起来更加柔和。下面介绍调出通透夏日蓝色调的操作方法。

步骤 01 在醒图 App 中导入一张素材照片，进入操作界面后，点击“滤镜”按钮，如图 5-21 所示。

步骤 02 ❶切换至“风景”选项卡；❷在下方的滤镜样式中选择“小悬丁”样式；❸设置滤镜参数为 100，如图 5-22 所示。

图5-21 点击“滤镜”按钮

图5-22 选择并设置滤镜

步骤 03 ❶点击“调节”按钮；❷设置“光感”为10，如图5-23所示。按照同样的方法，设置“饱和度”为-9、“锐化”为50、“结构”为19、“高光”为-26、“色温”为-20、“色调”为29，部分参数设置如图5-24～图5-28所示。

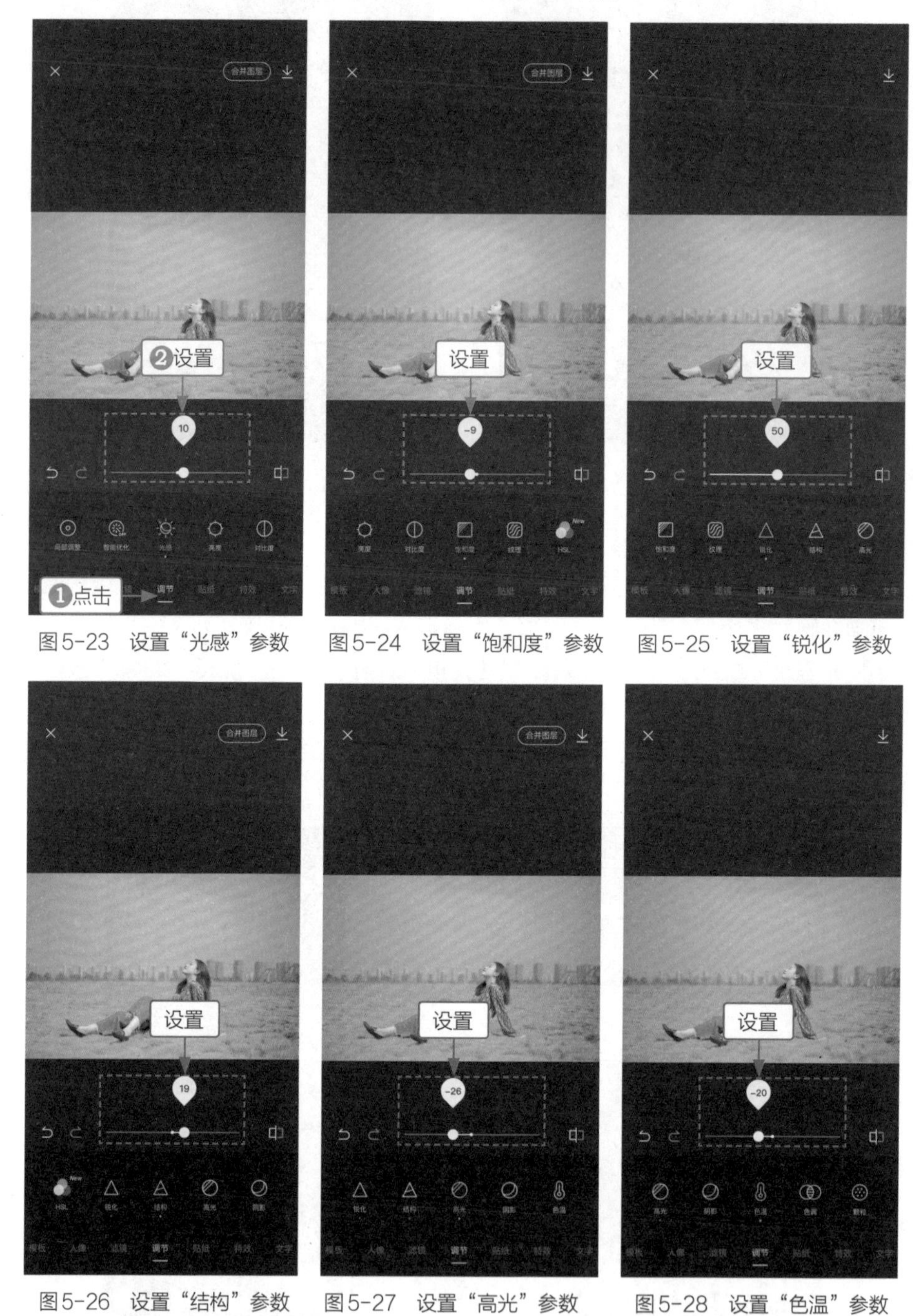

图5-23 设置“光感”参数　图5-24 设置“饱和度”参数　图5-25 设置“锐化”参数

图5-26 设置“结构”参数　图5-27 设置“高光”参数　图5-28 设置“色温”参数

步骤 04 设置完成后，点击⬇按钮，预览照片的前后对比效果，如图5-29所示。

图5-29　通透夏日蓝色调的前后对比效果

5.1.5 胶片感静谧蓝色调

胶片感静谧蓝色调整体以降低亮度、对比度，以及偏冷的色调来制造，具有胶片感的Plog照片，看起来会显得更加深沉。无论是用于风景类还是人像类的Plog照片，胶片感静谧蓝色调都别有一番韵味。下面介绍调出胶片感静谧蓝色调的操作方法。

步骤 01 在醒图 App 中导入一张素材照片，进入操作界面后，点击“滤镜”按钮，如图 5-30 所示。

步骤 02 ❶切换至“电影”选项卡；❷在下方的滤镜样式中选择“静谧蓝”样式；❸设置滤镜参数为 100，如图 5-31 所示。

图5-30　点击“滤镜”按钮

图5-31　选择并设置滤镜

步骤 03 确认后，点击“高级编辑”按钮进入界面，点击“叠加滤镜”选项，如果 5-32 所示。

步骤 04 ❶切换至“复古”选项卡；❷在下方的滤镜样式中选择“东京”样式；❸设置滤镜参数为 100，如图 5-33 所示。

图 5-32　点击“叠加滤镜”选项

图 5-33　叠加滤镜效果

步骤 05 ❶点击“调节”按钮；❷设置“饱和度”为 9，如图 5-34 所示。用同样的方法，设置“色温”为 -10、“色调”为 -10，参数设置如图 5-35、图 5-36 所示。

图 5-34　设置“饱和度”参数

图 5-35　设置“色温”参数

图 5-36　设置“色调”参数

步骤 06 设置完成后，点击按钮，预览照片的前后对比效果，如图 5-37 所示。

图5-37 胶片感静谧蓝色调的前后对比效果

5.2 黄油：5款宝藏色调

要想为Plog照片挑选一个好看的滤镜，用户一定要多观察照片，找到适合的色调，从而提高Plog照片的质量。本节主要介绍黄油相机App中5款美观且实用的滤镜色调，帮助用户制作出更多具有个性风格的Plog照片。

5.2.1 马卡龙甜美粉色调

马卡龙甜美粉色调充满了满满的少女气息，适用于云彩、天空等Plog照片。下面介绍调出马卡龙甜美粉色调的操作方法。

步骤 01 在黄油相机 App 中导入一张素材照片，进入操作界面后，点击“滤镜”按钮，如图 5-38 所示。

步骤 02 ❶切换至“风景”选项卡；❷在下方的滤镜样式中选择“马卡龙Ⅲ”样式，如图 5-39 所示。

图5-38 点击“滤镜”按钮

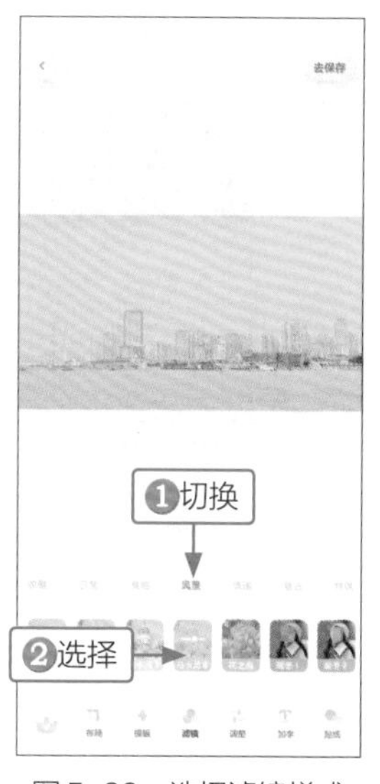

图5-39 选择滤镜样式

步骤 03 ❶切换至“调整”界面；❷点击“对比度”按钮，如图 5-40 所示。

步骤 04 设置“对比度”的参数为 20，如图 5-41 所示。

图5-40　调整对比度

图5-41　设置“对比度”参数

步骤 05 分别设置“饱和度”为 30、“锐化”为 40、“色温”为 -40、“色调”为 60，部分参数如图 5-42、图 5-43 所示。

图5-42　设置“饱和度”参数

图5-43　设置“锐化”参数

步骤 06 设置完成后，点击“去保存”按钮，如图 5-44 所示。

步骤 07 点击“保存到相册”按钮或“保存并发布”按钮，如图 5-45 所示。

图5-44　点击“去保存”按钮

图5-45　点击“保存到相册”按钮

步骤 08 保存后，导出并预览照片的前后对比效果，如图 5-46 所示。马卡龙色调柔美而梦幻，使原本简单的 Plog 照片变得更有特色。

图5-46　马卡龙甜美粉色调的前后对比效果

5.2.2 治愈美食色调

美食的Plog照片是非常常见的，在为这类照片调色时应该适当调整参数，避免调节出来的美食照片饱和度过高或者画面不够清晰。下面介绍黄油相机App中一款实用的美食滤镜，帮助用户调节出充满食欲的Plog美食照片。

步骤 01 在黄油相机 App 中导入一张素材照片，进入操作界面后，点击“滤镜”按钮，如图 5-47 所示。

步骤 02 ❶切换至“食物”选项卡；❷在下方的滤镜样式中选择“食欲”样式，如图 5-48 所示。

图 5-47　点击“滤镜”按钮

图 5-48　选择滤镜样式

步骤 03 切换至“调整”界面，如图 5-49 所示。

步骤 04 设置“饱和度”为 20、“锐化”为 40、“色温”为 60，如图 5-50～图 5-52 所示。

图 5-49　切换到“调整”界面

图 5-50　设置“饱和度”参数

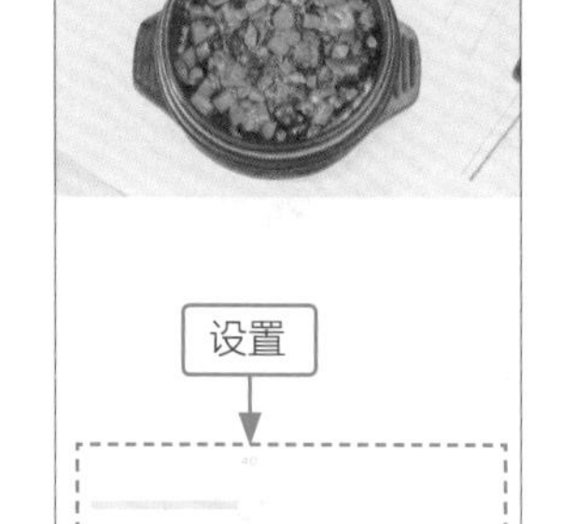

图5-51　设置“锐化”参数

图5-52　设置“色温”参数

步骤 05 设置完成后，点击“去保存”按钮，导出并预览照片的前后对比效果，如图5-53所示。

图5-53　治愈美食色调的前后对比效果

5.2.3 森系清新绿色调

森系清新绿色调是一款非常清新舒适的色调，有一种亲近自然的感觉，尤其适用于调节唯美的人像Plog照片。下面介绍调出森系清新绿色调的操作方法。

步骤 01 在黄油相机 App 中导入一张素材照片，进入操作界面后，点击“滤镜”按钮，如图 5-54 所示。

步骤 02 ❶切换至“氛围”选项卡；❷在下方的滤镜样式中选择“绿Ⅱ”样式，如图5-55所示。

步骤 03 设置“绿Ⅱ”滤镜的参数为 70，如图 5-56 所示。

图5-54　点击“滤镜”按钮

图5-55　选择“绿Ⅱ”样式

图5-56　设置滤镜参数

步骤 04 切换至“调整”界面，如图 5-57 所示。

步骤 05 设置“对比度”为 40、“锐化”为 40、“高光”为 40，部分参数如图 5-58、图 5-59 所示。

图5-57　切换至“调整”界面

图5-58　设置“对比度”参数

图5-59　设置“锐化”参数

步骤 06 设置完成后，点击“去保存”按钮，导出并预览照片的前后对比效果，如图5-60所示。

图5-60　森系清新绿色调的前后对比效果

5.2.4 日剧感蓝色调

日剧感蓝色调通常是用来表现人物当时的心理状态或者处境，与人物的情感息息相关。下面介绍调出日剧感蓝色调的操作方法。

步骤 01 在黄油相机 App 中导入一张素材照片，进入操作界面后，点击“滤镜”按钮，如图 5-61 所示。

步骤 02 ❶切换至“日常”选项卡；❷在下方的滤镜样式中选择“高级 Ⅱ”样式，如图 5-62 所示。

图5-61　点击“滤镜”按钮

图5-62　选择滤镜样式

步骤 03 切换至“调整”界面，如图 5-63 所示。

步骤 04 设置“曝光”为 -40、“对比度”为 -12、“饱和度”为 15、“颗粒”为 15、“色温”为 -45，参数设置如图 5-64 ~图 5-68 所示。

图5-63　切换至“调整”界面

图5-64　设置“曝光”参数

图5-65　设置“对比度”参数

图5-66　设置“饱和度”参数

图5-67　设置“颗粒”参数

图5-68　设置“色温”参数

步骤 05 设置完成后，点击“去保存”按钮，导出并预览照片的前后对比效果，如图 5-69 所示。

图5-69　日剧感蓝色调的前后对比效果

5.2.5 复古美式色调

复古美式色调是一款高饱和的色调，浓郁的色彩氛围适用于一些街景及人像Plog照片。下面介绍调出复古美式色调的操作方法。

步骤 01 在黄油相机 App 中导入一张素材照片，进入操作界面后，点击“滤镜”按钮，如图 5-70 所示。

步骤 02 ❶切换至“复古”选项卡；❷在下方的滤镜样式中选择“美式Ⅰ”样式，如图 5-71 所示。

图5-70　点击“滤镜”按钮

图5-71　选择滤镜样式

步骤 03 切换至“调整”界面，如图 5-72 所示。

步骤 04 设置“曝光”为 10、“对比度”为 15、“饱和度”为 8、“锐化”为 55、“色温”为 20，参数设置如图 5-73 ~ 5-77 所示。

图5-72 切换至“调整”界面

图5-73 设置“曝光”参数

图5-74 设置“对比度”参数

图5-75 设置“饱和度”参数

图5-76 设置“锐化”参数

图5-77 设置“色温”参数

步骤 05 设置完成后，点击“去保存”按钮，导出并预览照片的前后对比效果，如图5-78所示。

图5-78 复古美式色调的前后对比效果

第6章
模板与文字：迅速提升照片格调

在对Plog照片进行后期处理时，模板与文字的巧妙配合，能够让画面看起来整体性更强，内容更丰富。通过添加合适的模板与文字，不仅能够更清晰地表达意图，还能让Plog照片的效果更有格调、更加精彩。

本章以MIX滤镜大师App为例，介绍一些实用美观的照片模板，以及如何为照片添加模板和文字。

6.1 MIX滤镜大师：玩转模板

MIX滤镜大师App拥有非常多美观且实用的模板效果，各模板中的单个元素还可以灵活搭配使用。本节主要介绍制作模板同款海报及添加自定义模板的操作方法。

6.1.1 制作模板同款海报

在MIX滤镜大师App中选择模板效果，即可快速打造同款海报。下面介绍具体的操作方法。

步骤 01 打开 MIX 滤镜大师 App 进入主界面，点击“MIX 精选图库”按钮，如图 6-1 所示。

步骤 02 进入模板界面后，❶切换至“海报”选项卡；❷点击相应的模板效果缩览图，即可查看大图效果，如图 6-2 所示。

图6-1 点击“MIX精选图库”按钮

图6-2 查看模板效果

步骤 03 用户可根据喜好选择其他的模板效果，如图 6-3 所示。

步骤 04 确认后，点击“一键应用”按钮，下载该海报模板，如图 6-4 所示。

图6-3　选择其他模板效果

图6-4　下载海报模板

步骤 05 进入“最近项目”界面，选择素材照片，如图 6-5 所示。

步骤 06 进入“模板”界面，选择下载的模板，即可制作同款海报，如图 6-6 所示。

图6-5　选择素材照片

图6-6　选择模板

步骤 07 ❶适当调整素材照片的大小和位置，使模板与素材更协调；❷调整完成后，点击✓按钮保存，如图 6-7 所示。

步骤 08 完成操作后，点击⤓按钮，如图 6-8 所示。

步骤 09 导出并预览制作的模板同款海报的效果，如图 6-9 所示。

图6-7　调整完成后保存

图6-8　点击导出按钮

图6-9　模板同款海报效果

6.1.2 添加自定义模板

在MIX滤镜大师App中不仅可以使用模板，还可以对模板中的单个元素进行调整，并保存该模板效果，方便同类型Plog照片再次使用。下面介绍保存自定义模板，以及使用自定义模板的操作方法。

1. 保存自定义模板

通过对模板中的元素进行更改或添加，能够使原本固定的模板样式变得更加丰富。下面介绍保存自定义模板的操作方法。

步骤 01 在 MIX 滤镜大师 App 中导入一张素材照片，进入操作界面后，点击“更多素材”按钮，如图 6-10 所示。

步骤 02 进入“模板库”界面，❶选择合适的模板效果；❷点击“使用效果”按钮，即可下载该模板，如图 6-11 所示。

图6-10 点击“更多素材”按钮

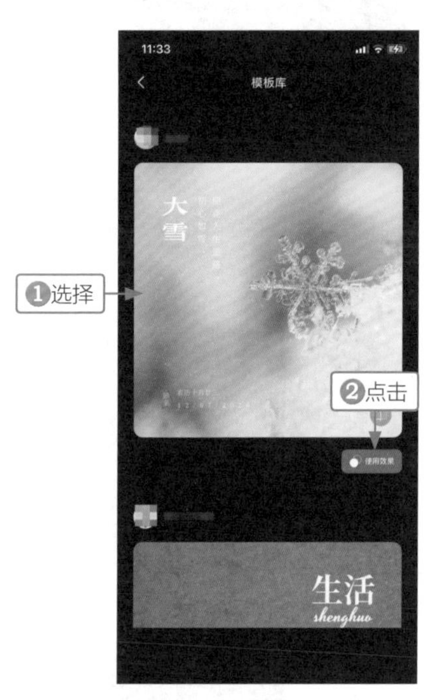

图6-11 选择并下载模板

步骤 03 完成下载操作后，❶点击“已下载”按钮；❷在下方模板样式中选择模板效果，如图 6-12 所示。

步骤 04 ❶在操作界面，点击模板中的文字元素，即可打开文字工具栏；❷在弹出的“文字”工具栏中点击“简”素材包，如图 6-13 所示。

步骤 05 进入“文字”界面，❶选择字体样式；❷用同样的方法更改“雪”字的字体样式，如图 6-14 所示。

步骤 06 在“文字”界面中，调整其他文字元素的位置，如图 6-15 所示。

图6-12　选择模板效果

图6-13　点击“简”素材包

图6-14　更改字体样式

图6-15　调整其他文字元素

步骤 07 调整完成后，❶切换至“模板”界面；❷点击“自定义”按钮，如图 6-16 所示。

步骤 08 ❶点击▣按钮，弹出“保存模板”对话框；❷点击“确定”按钮，即可保存该模板效果，如图 6-17 所示。

图6-16　选择“自定义”模板

图6-17　保存模板效果

步骤 09 完成操作后，点击☑按钮，如图 6-18 所示。

步骤 10 导出并预览自定义模板效果，如图 6-19 所示。

图6-18　点击导出按钮

图6-19　自定义模板效果

2. 使用自定义模板

当同类型的Plog照片数量较多时，使用自定义模板，能够更加便捷地对照片进行批量处理。下面介绍使用保存的自定义模板处理照片的操作方法。

步骤 01 在 MIX 滤镜大师 App 中导入一张同类型题材的 Plog 照片，进入操作界面后，

点击“自定义”按钮，如图 6-20 所示。

步骤 02 进入“自定义”界面后，选择自定义模板，即可使用保存的模板效果，如图 6-21 所示。

图6-20　点击“自定义”按钮

图6-21　选择自定义模板

步骤 03 长按相应的模板缩览图，可以选择性地删除自定义模板与下载好的模板效果，如图 6-22 所示。

步骤 04 确认后，点击✓按钮，导出并预览使用自定义模板后的照片效果，如图 6-23 所示。

图6-22　删除自定义模板

图6-23　使用自定义模板后的效果

6.2 MIX滤镜大师：丰富元素，提升Plog照片设计感

MIX滤镜大师App拥有强大的后期功能，调控范围也非常广泛。本节将以一张Plog素材照片为例，从Plog照片的布局开始，介绍如何添加模板、添加文字，帮助用户快速掌握操作方法。

6.2.1 调整 Plog 照片布局

在MIX滤镜大师App的“裁剪”功能中有非常多的调整照片布局的功能，能帮助用户进行二次构图，做出更多精彩的照片效果。下面介绍调整Plog照片布局的操作方法。

步骤 01 打开 MIX 滤镜大师 App 进入主界面，点击“编辑照片”按钮，如图 6-24 所示。

步骤 02 进入“最近项目”界面，选择素材照片，如图 6-25 所示。

图6-24　点击“编辑照片”按钮

图6-25　选择素材照片

步骤 03 进入操作界面后，点击“裁剪”按钮，如图 6-26 所示。

步骤 04 进入“裁剪”界面后，❶点击4:3按钮；❷调整图片的裁剪范围，如图 6-27 所示。

步骤 05 点击按钮，水平翻转图片，如图 6-28 所示。

步骤 06 ❶点击“水平”按钮；❷适当调整图片的水平线角度，如图 6-29 所示。

图6-26　点击“裁剪”按钮

图6-27　调整图片的裁剪范围

图6-28　水平翻转图片

图6-29　调整图片的水平线角度

步骤 07 ①点击“垂直倾斜”按钮；②调整图片的垂直角度，使照片看起来更平稳，如图 6-30 所示。

步骤 08 完成操作后，点击⬇按钮，如图 6-31 所示。

图6-30 调整图片的垂直角度

图6-31 点击导出按钮

步骤 09 导出并预览调整布局后的照片效果，如图 6-32 所示。

图6-32 调整布局后的照片效果

6.2.2 为 Plog 照片添加模板

为Plog照片添加一个合适的海报模板，能使照片变得更具设计感。下面以调整过布局后的照片为例，介绍添加海报模板的操作方法。

步骤 01 在 MIX 滤镜大师 App 中导入调整过布局的 Plog 照片，进入操作界面后，点击“海报”按钮，如图 6-33 所示。

步骤 02 选择海报模板样式，进行预览，如图 6-34 所示。

图6-33　点击“海报”按钮

图6-34　选择并预览海报模板样式

步骤 03 选择其他的海报模板样式，进行预览，如图 6-35 所示。

步骤 04 确认模板后，在操作面板中，按住图片调整其大小与位置，如图 6-36 所示。

图6-35　选择并预览其他海报模板样式

图6-36　调整图片的大小与位置

步骤 05 点击按钮，更改图片画布的大小，如图 6-37 所示。

步骤 06 确认后，选择模板中的元素，调整到合适的位置，如图 6-38 所示。

图6-37 更改图片画布的大小

图6-38 调整元素位置

步骤 07 点击模板中要更改的文字，如图 6-39 所示。

步骤 08 输入新的文字内容“北辰三角洲”，如图 6-40 所示。

图6-39 点击文字

图6-40 输入文字内容

步骤 09 向左滑动“字体”素材包，❶选择合适的字体样式；❷调整字体的大小与位置，如图 6-41 所示。

步骤 10 ❶切换至“样式”选项卡；❷点击按钮，为文字添加描边效果并确认，如

图 6-42 所示。

图6-41 选择并调整字体

图6-42 为文字添加描边

步骤 11 点击模板中要更改的文字，如图 6-43 所示。

步骤 12 更改文字样式及内容，如图 6-44 所示。

图6-43 点击文字

图6-44 更改文字样式及内容

步骤 13 执行上述操作后，点击✓按钮，如图 6-45 所示。

步骤 14 导出并预览添加海报模板后的照片效果，如图 6-46 所示。

图6-45　点击导出按钮

图6-46　添加海报模板后的照片效果

6.2.3 为 Plog 照片添加文字

文字对于Plog照片是尤其重要的，它能让照片的主题变得更加明确。在MIX滤镜大师App中，文字的调控空间非常广，下面以添加海报模板后的照片为例，介绍添加文字的操作方法。

步骤 01 在 MIX 滤镜大师 App 中导入添加过海报模板后的 Plog 照片，进入操作界面，点击“海报”按钮，如图 6-47 所示。

步骤 02 切换至“文字”界面，设置海报文字，如图 6-48 所示。

图6-47　点击“海报”按钮

图6-48　设置海报文字

专家提醒

在MIX滤镜大师App中，直接导入照片而没有选择相关海报模板时，系统会根据用户导入的照片大小自动添加一个白色画布。不喜欢该效果的用户可以切换至“画布”界面，将该“效果”关闭，如图6-49所示。

图6-49　关闭白色画布效果

步骤 03 ❶双击文本框更改相应的文字内容；❷点击“简”按钮，如图 6-50 所示。

步骤 04 选择合适的字体样式，如图 6-51 所示。

图6-50　更改文字内容

图6-51　选择字体样式

步骤 05 ❶切换至“版式”选项卡；❷点击按钮；❸调整文字大小与位置，如图 6-52 所示。

步骤 06 执行上述操作后，❶切换至“样式”选项卡；❷点击按钮，更换文字颜色，如图 6-53 所示。

图6-52　调整文字大小与位置

图6-53　更换文字颜色

步骤 07 ❶点击按钮，适当降低文字透明度；❷再次调整文字的大小与位置，如图 6-54 所示。

步骤 08 完成操作后，点击按钮，如图 6-55 所示。

图6-54　再次调整文字

图6-55　点击导出按钮

步骤 09 导出添加文字的照片，预览调整前后照片的对比效果，如图 6-56 所示。

图6-56　调整前后照片的对比效果

第7章
实战：制作彰显个性的照片

想要真正学好Plog照片的拍摄与后期处理技术，仅学习理论知识是远远不够的，还需要在实践中总结经验，才能做出更好、更出彩的照片效果。

本章主要讲述美图秀秀App的应用，主要分为人像和风光两类来介绍Plog照片的整个制作过程，帮助用户快速掌握照片后期处理技巧。

7.1 美图秀秀：人像类Plog实战案例

美图秀秀App作为一款时下热门的手机修图软件，无论是人像美容还是图片美化，其功能都较为全面。本节从拍摄开始，到使用美图秀秀App进行后期处理，介绍如何制作一张精美的人像Plog照片。

7.1.1 人像怎么拍

在拍摄常规的人像Plog照片时，可以使用三分线构图与九宫格构图，这两种构图方式比较简单且容易得到较好的画面效果。在拍摄的过程中，尽量让被拍摄者保持一个放松的状态，这样拍出来的表情与动作才更加自然。

当使用九宫格构图时，将拍摄的人物放在九宫格右下方的几个方格内，给画面主体留有足够的空间，使主体更加明确，同时通过上方大量的留白，使人与空间的关系看起来更加自然，不会显得很拥挤，如图7-1所示。

图7-1　拍摄人像Plog照片

专家提醒

在室内拍摄人像Plog照片时，可以适当添加一些拍摄道具，让整个画面看起来更加亲切、真实。此外，无论是在室内拍摄还是在室外拍摄，都需要考虑好光线的问题。室内拍摄时顶光居多，可以考虑在人物脸部进行光源补偿，减少顶光照射时带来的阴影。

7.1.2 人像美容

调整人像Plog照片非常关键的一步就是人像美容，美化主体人物，使照片效果更加惊艳。在美图秀秀App中拥有非常丰富的人像美容功能，下面介绍具体的操作方法。

步骤 01 进入美图秀秀 App 主界面，点击“人像美容”按钮，如图 7-2 所示

步骤 02 进入“最近项目”界面，选择素材照片，如图 7-3 所示。

图7-2 点击“人像美容”按钮

图7-3 选择素材照片

步骤 03 进入操作界面后，点击“一键美颜”按钮，如图 7-4 所示。

步骤 04 选择“牛奶”美颜样式并确认，如图 7-5 所示。

图7-4 点击“一键美颜”按钮

图7-5 选择美颜样式

步骤 05 点击“瘦脸瘦身”按钮，进入设置界面，如图 7-6 所示。

步骤 06 ❶切换至“自动”选项卡；❷设置“强度”参数为 100，如图 7-7 所示。

图7-6　点击“瘦脸瘦身”按钮

图7-7　设置“强度”参数

步骤 07 确认后，❶切换至“手动”选项卡；❷调整“瘦脸范围”的效果强度；❸对人物脸颊、额头、肢体等处进行瘦脸瘦身处理，如图 7-8 所示。

步骤 08 执行上述操作后，点击“祛斑祛痘”按钮，切换至“自动”选项卡，打开“一键祛痘”效果，如图 7-9 所示。

图7-8　瘦脸瘦身处理

图7-9　打开“一键祛痘”效果

步骤 09 点击“面部重塑”按钮，进入设置界面，如图 7-10 所示。

步骤 10 ❶点击“脸型”按钮；❷设置“下巴”参数为 20、“下颌”为 60，部分参数如图 7-11 所示。

图7-10 点击“面部重塑”按钮

图7-11 设置“脸型”参数

步骤 11 执行上述操作后，分别点击“小头”“磨皮”按钮，设置参数为 30，如图 7-12、图 7-13 所示。

图7-12 设置“小头”参数

图7-13 设置“磨皮”参数

步骤 12 设置完成后，点击“保存”按钮，导出并预览人像美容的前后对比效果，如图 7-14 所示。

图7-14 人像美容的前后对比效果

7.1.3 滤镜调色

在美图秀秀App中还提供了很多适合人像Plog照片的滤镜，选择一个合适的滤镜效果可以帮助用户提高照片的质量。下面以美容处理后的效果为例，介绍添加滤镜的操作方法。

步骤 01 进入美图秀秀 App 操作界面，点击“去美化”按钮，如图 7-15 所示。

步骤 02 点击“滤镜”按钮，如图 7-16 所示。

图7-15 点击“去美化”按钮

图7-16 点击“滤镜”按钮

步骤 03 ❶切换至“自然”选项卡；❷在下方的滤镜样式中选择 M1 样式；❸设置“滤镜”参数为 60，如图 7-17 所示。

步骤 04 确认后，点击“调色”按钮，❶切换至“光效”选项卡；❷点击“对比度”按钮；❸设置参数为 20，如图 7-18 所示。

图 7-17　选择并设置滤镜

图 7-18　设置“对比度”参数

步骤 05 ❶切换至“细节”选项卡；❷点击“清晰度”按钮；❸设置参数为 40，如图 7-19 所示。

步骤 06 点击“保存”按钮，导出并预览添加滤镜后的效果，如图 7-20 所示。

图 7-19　设置“清晰度”参数

图 7-20　添加滤镜后的效果

7.1.4 添加边框

在美图秀秀App中，添加一个合适的边框效果可以增加Plog照片的趣味性。下面以添加滤镜效果后的照片为例，介绍添加边框的操作方法。

步骤 01 在操作界面中，点击“边框”按钮，如图 7-21 所示。

步骤 02 进入“边框”界面后，❶切换至“海报”选项卡；❷选择边框效果进行预览，如图 7-22 所示。

图7-21 点击“边框”按钮

图7-22 选择边框效果

步骤 03 当用户对选择的效果不满意时，还可以选择其他边框效果，❶切换至“简单”选项卡；❷选择合适的边框效果，如图 7-23 所示。

步骤 04 点击“保存”按钮，导出并预添加边框后的效果，如图 7-24 所示。

图7-23 选择其他边框效果

图7-24 添加边框后的效果

7.1.5 添加文字

在美图秀秀App中，为Plog照片添加合适的文字，不仅能够丰富画面内容，还能起到记录生活，以及与其他观看者互动的作用。下面以添加边框效果后的照片为例，介绍添加文字的操作方法。

步骤 01 在操作界面中，点击"文字"按钮，切换至"文字"界面，如图 7-25 所示。

步骤 02 ❶切换至"气泡"选项卡；❷选择"气泡"效果，进行预览，如图 7-26 所示。

图7-25 点击"文字"按钮

图7-26 选择文字效果

步骤 03 如果用户对选择的效果不满意，还可以选择其他效果，❶切换至"水印"选项卡；❷选择合适的效果；❸调整其大小与位置，如图 7-27 所示。

步骤 04 点击"保存"按钮，保存文字效果，如图 7-28 所示。

图7-27 选择其他的文字效果

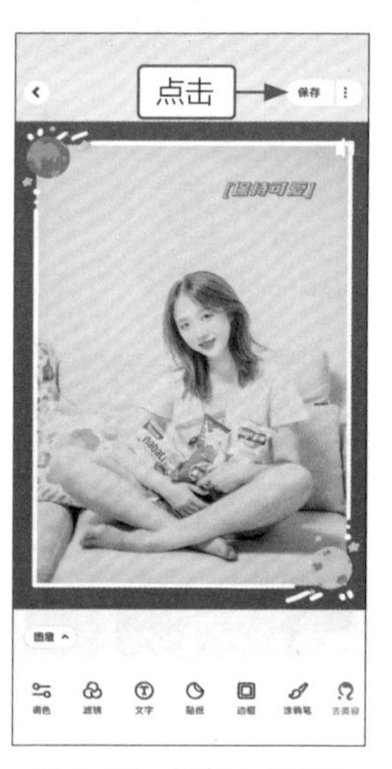

图7-28 保存文字效果

步骤 05 保存添加文字的 Plog 照片后，预览前后的对比效果，如图 7-29 所示。经过后期调整的人像 Plog 照片看起来更加精致，整个画面充满了青春活泼的气息。

图7-29　预览人像Plog照片前后对比效果

7.2 美图秀秀：风光类Plog实战案例

风光类的Plog照片非常讲究氛围感，在前期拍摄效果较好的情况下，后期再通过美图秀秀App的调节，能够加强这种氛围感，打造出更加精美的画面效果。本节主要介绍如何拍摄和制作一张精美的风光Plog照片。

7.2.1 风光怎么拍

风光类Plog照片，无论是在前期拍摄还是后期制作过程中，都要有自己的风格特色，这样拍出来的风光照片才会更加自然、更有韵味。

图7-30为一张在落日时分拍摄的风光类Plog照片，画面整体色调偏暖，平静的水面、落日的余光，宛如一幅天然的画卷。拍摄者采用水平线构图使画面看起来更加平和，拍摄时将焦点聚集在落日上，压低了暗部，使亭子、草木等形成了剪影，整体效果充满了诗意。

图7-30　拍摄风光Plog照片

7.2.2 风光修图

制作风光类Plog照片的第一步，就是修复照片中的瑕疵。在美图秀秀App中有一个非常实用的"消除笔"工具，能够帮助用户修复照片上不满意的地方。下面介绍使用"消除笔"工具的操作方法。

步骤 01 进入美图秀秀 App 主界面，点击"图片美化"按钮，如图 7-31 所示

步骤 02 进入"最近项目"界面，选择素材照片，如图 7-32 所示。

图7-31　点击"图片美化"按钮

图7-32　选择素材照片

步骤 03 进入操作界面后，点击"消除笔"按钮，如图 7-33 所示。

步骤 04 在要消除的污点上涂抹，即可消除照片中的瑕疵，如图 7-34 所示。

图7-33　点击“消除笔”按钮

图7-34　消除污点

步骤 05 确认后，点击“保存”按钮，导出并预览修图后的照片效果，如图 7-35 所示。通过修复后的 Plog 照片，画面看起来更加干净，主体也更加明确。

图7-35　修图后的照片效果

7.2.3 滤镜调色

不同的滤镜效果所表达的感觉也不同，在美图秀秀App中还有许多适合风光类

Plog照片使用的滤镜。下面以修图后的照片为例，介绍添加滤镜的操作方法。

步骤 01 在操作界面，点击“滤镜”按钮，如图 7-36 所示。

步骤 02 ❶点击“电影”按钮；❷在下方的滤镜样式中选择 V1 样式；❸设置滤镜参数为 50%，如图 7-37 所示。

图 7-36 点击“滤镜”按钮

图 7-37 选择并设置滤镜

步骤 03 当用户对选择的效果不满意时，还可以选择其他的滤镜效果，❶点击“闪闪”按钮；❷在下方的滤镜样式中选择 MQ12 样式；❸设置滤镜参数为 80%，如图 7-38 所示。

步骤 04 设置完成并确认后，点击“保存”按钮，如图 7-39 所示。

图 7-38 选择其他滤镜

图 7-39 点击“保存”按钮

步骤 05 导出并预览添加滤镜后的照片效果，如图 7-40 所示。

图7-40　添加滤镜后的照片效果

7.2.4 添加边框

为风景Plog照片添加一个合适的边框，会使照片更具有设计感。下面以滤镜调色后的照片为例，介绍添加边框的操作方法。

步骤 01 在操作界面，点击“边框”按钮，如图 7-41 所示。

步骤 02 进入“边框”界面后，❶切换至“热门”选项卡；❷选择边框效果；❸按住图片调整到相应位置，如图 7-42 所示。

图7-41　点击“边框”按钮

图7-42　选择边框并调整图片位置

步骤 03 当用户对选择的效果不满意时，还可以选择其他边框效果。在“热门”选项卡中，❶滑动屏幕至底端；❷点击“更多”按钮，如图 7-43 所示。

步骤 04 进入“更多素材”界面，根据照片风格，❶切换至“基础”选项卡；❷选择相应的边框效果并确认，如图 7-44 所示。

图7-43　点击“更多”按钮

图7-44　选择其他边框效果

步骤 05 ❶按住素材照片调整其大小与位置；❷点击✓按钮，如图 7-45 所示。

步骤 06 完成操作后，点击“保存”按钮，如图 7-46 所示。

图7-45　调整素材照片

图7-46　点击“保存”按钮

步骤 07 导出并预览添加边框后的效果，如图 7-47 所示。

图7-47　添加边框后的照片效果

7.2.5 添加文字

在美图秀秀App中，为风景Plog照片添加合适的文字效果，能够明确画面的主旨，还可起到点缀画面的作用。下面以添加边框效果后的照片为例，介绍添加文字的操作方法。

步骤 01 在操作界面中，点击“文字”按钮，如图7-48所示。

步骤 02 ❶点击“水印”按钮；❷选择水印效果；❸调整其大小与位置，如图7-49所示。

图7-48　点击“文字”按钮

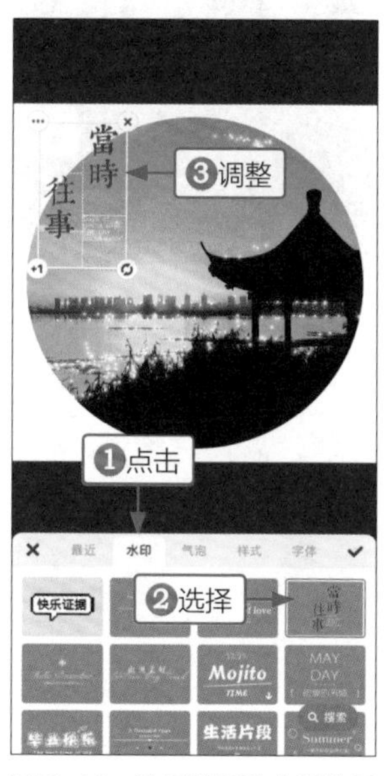

图7-49　选择并调整水印效果

步骤 03 确认后，点击相应文字，分别修改文字内容为“霞光”“落日”，如图 7-50 所示。

步骤 04 ❶点击“字体”按钮；❷选择相应的字体样式；❸调整其大小与位置，如图 7-51 所示。

图7-50　修改文字内容

图7-51　选择并调整文字

步骤 05 ❶点击相应文字；❷点击 × 按钮删除，如图 7-52 所示。

步骤 06 执行上述操作后，点击✔按钮保存照片，如图 7-53 所示。

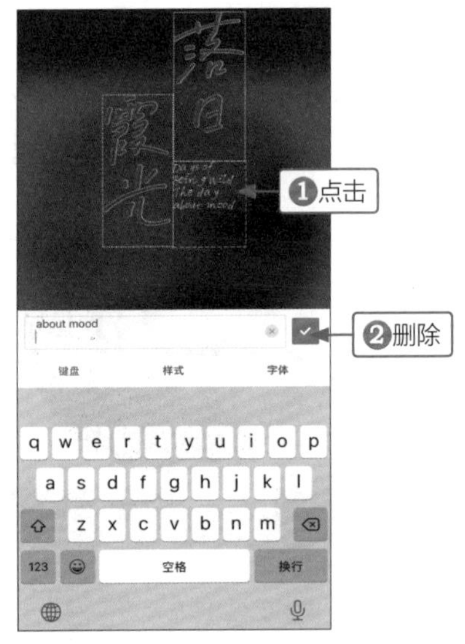

图7-52　删除文字内容

图7-53　保存照片

步骤 07 点击“保存”按钮，导出添加文字效果后的照片，预览调整前后的对比效果，如图 7-54 所示。

图 7-54　调整前后的照片对比效果

Volg视频篇

第8章

运镜技巧：掌握短视频的多种拍法

Vlog是以视频的形式记录生活，并分享到一些社交平台上，是现在年轻人非常喜欢的一种交流、学习、分享方式。想要制作出精彩的Vlog视频，先要学会让视频画面变得丰富起来。

本章主要介绍镜头语言的表达方式与运镜手法，帮助用户快速掌握手机Vlog视频的拍摄技巧。

8.1 镜头语言：更好地表达主题

在手机Vlog视频的拍摄过程中，面对不同视频的拍摄主体，要学会运用不同的镜头表达方式。只有将镜头语言的关系与拍摄技巧相结合，才能拍摄出精彩的手机Vlog视频。下面将为大家介绍镜头语言的表达方式。

8.1.1 了解拍摄 Vlog 视频的镜头类型

手机Vlog视频的拍摄镜头包括两种，分别为固定镜头和运动镜头。固定镜头，是指在拍摄Vlog视频时，镜头的机位、光轴和焦距等都保持固定不变，适合拍摄画面中有运动变化的对象，如车水马龙和日出日落等场景。运动镜头，是指在拍摄的同时会不断调整镜头的位置和角度。

使用固定镜头拍摄Vlog视频时，只要用三脚架或双手持机，保持镜头固定不动即可。运动镜头则通常需要使用手持稳定器辅助拍摄，才能拍出稳定的移动画面效果。固定镜头和运动镜头的操作技巧，如图8-1所示。

取景位置：固定不变
画面元素：在固定的取景画面中运动变化
如图中流动的云朵

取景位置：向前、后、上、下、左、右等方向移动变化
如图中取景位置不断向前推移
画面元素：在移动的取景画面中运动变化
如图中的桥梁，景别由大变小

图8-1　固定镜头和运动镜头的操作技巧

当然，在拍摄形式上，运动镜头要比固定镜头更加多样化，常见的运动镜头包括推拉运镜、横移运镜、摇移运镜、甩动运镜、跟随运镜、升降运镜，以及环绕运镜等。用户在使用手机拍摄Vlog视频时可以熟练使用这些运镜方式，更好地突出画面细节和表达主题内容，从而吸引更多观众。

图8-2为采用三脚架固定手机镜头拍摄的流云延时视频效果，这种固定镜头的拍摄形式，能够将天空中云卷云舒的画面完整地记录下来。

图8-2　使用固定镜头拍摄云卷云舒的画面

8.1.2 选取合适的镜头角度让画面更精彩

在使用运镜手法拍摄手机Vlog视频前，拍摄者要先掌握各种镜头角度拍摄出的画面效果，如平角、斜角、仰角和俯角等，在运镜时会更加得心应手。

平角即镜头与拍摄主体保持水平方向的一致，镜头光轴与对象(中心点)齐高，能够更客观地展现出主体的原貌。斜角即在拍摄时将镜头倾斜一定的角度，从而产生透视变形的画面失调感，能够让画面显得更加立体。平角和斜角的操作技巧，如图8-3所示。

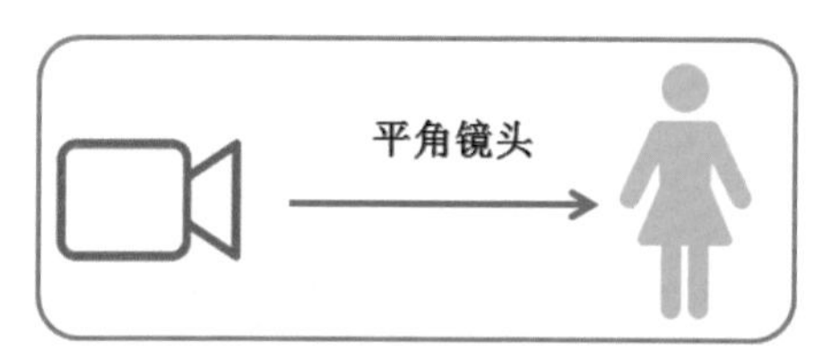

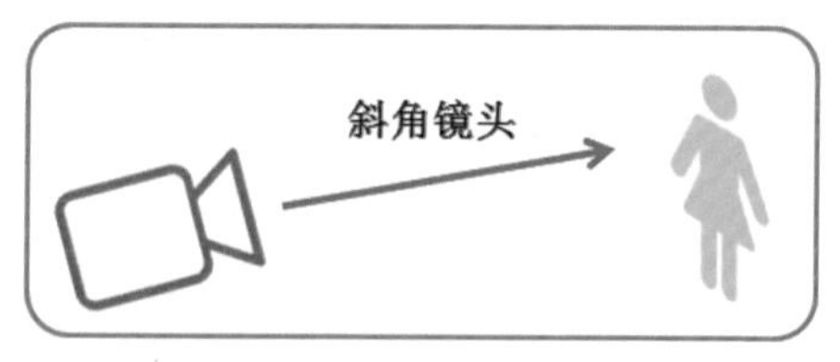

图8-3　平角和斜角的操作技巧

俯角即采用高机位俯视的拍摄角度，可以让拍摄对象看上去更加弱小，适合拍摄建筑、街景、人物、风光、美食或花卉等Vlog视频题材，能够充分展示主体的全貌。仰角即采用低机位仰视的拍摄角度，能够让拍摄对象显得更加高大，同时可以让Vlog视频画面更有代入感。俯角和仰角的操作技巧，如图8-4所示。

图8-4　俯角和仰角的操作技巧

图8-5为用“仰角镜头+半环绕运镜”的方式拍摄的Vlog视频，不仅能够展现出壁灯这一主体，还能给观众带来庄重感、紧张感等视觉冲击。

图8-5　仰角镜头的拍摄示例

8.1.3 Vlog 视频镜头景别要知晓

镜头景别是指镜头与拍摄对象的距离，通常包括远景、全景、中景、近景和特写等几个类型，不同的景别可以展现出不同的画面空间大小。

用户可以通过调整焦距或拍摄距离来调整镜头景别，从而控制取景框中的主体和周围环境所占的大小比例，如图8-6所示。

图8-6　不同景别的取景范围

1. 远景镜头

远景镜头用于展现广阔的视野。远景镜头又可以细分为大远景镜头和全远景镜头两类。

(1) 大远景镜头。大远景镜头景别的视角非常大，适合拍摄城市、山区、河流、沙漠、大海等户外类Vlog视频题材。大远景镜头尤其适合用于片头部分，通常使用大广角镜头拍摄，能够将主体所处的环境完全展现出来。图8-7是用大远景镜头拍摄的大面积的建筑和一望无际的天空，画面看起来广阔壮丽。

(2) 全远景镜头。全远景镜头景别可以兼顾环境和主体，通常用于拍摄高度和宽度都比较充足的室内或户外场景，可以更加清晰地展现主体的外貌形象和部分细节。图8-8是用全远景镜头拍摄的，以部分建筑作为主体，更能体现细节。

大远景镜头和全远景镜头的区别除了拍摄的距离不同外，大远景镜头对于主体的表达也是不够的，主要用于交代环境，而全远景镜头则在交代环境的同时，也兼顾了主体的展现。

图8-7 大远景镜头的拍摄示例

图8-8 全远景镜头的拍摄示例

2. 全景镜头

全景镜头的主要功能是展现人物或其他主体的“全身面貌”，通常使用广角镜头拍摄，视频画面的视角非常广。

全景镜头景别的拍摄距离比较近，能够将人物的整个身体，以及周围环境都拍摄出来，包括性别、服装、表情，以及手部和脚部等的肢体动作，还可以用来表现多个人物的关系，如图8-9所示。

图8-9　全景镜头的拍摄示例

3. 中景镜头

中景镜头的景别为从人物的膝盖部分向上至头顶，不但可以充分展现人物的面部表情、发型发色和视线方向，还可以兼顾人物的手部动作，如图8-10所示。

图8-10　中景镜头的拍摄示例

4. 近景镜头

近景镜头的景别主要是将镜头下方的取景边界线卡在人物的腰部以上，重点刻画人物形象和面部表情，展现出人物的神态、情绪和性格特点等细节，如图8-11所示。

图8-11　近景镜头的拍摄示例

5. 特写镜头

特写镜头的景别着重刻画人物的整个头部画面或身体的局部特征。特写镜头是一种纯细节的景别形式，在拍摄时将镜头只对准人物的脸部、手部或者脚部等某个局部，进行细节的刻画和描述，如图8-12所示。

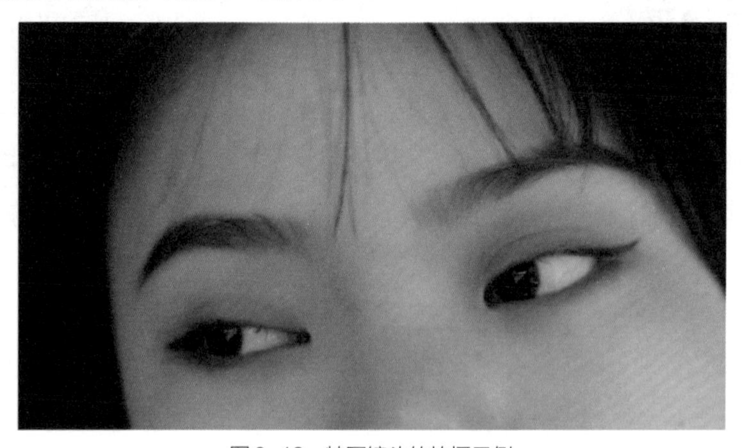

图8-12　特写镜头的拍摄示例

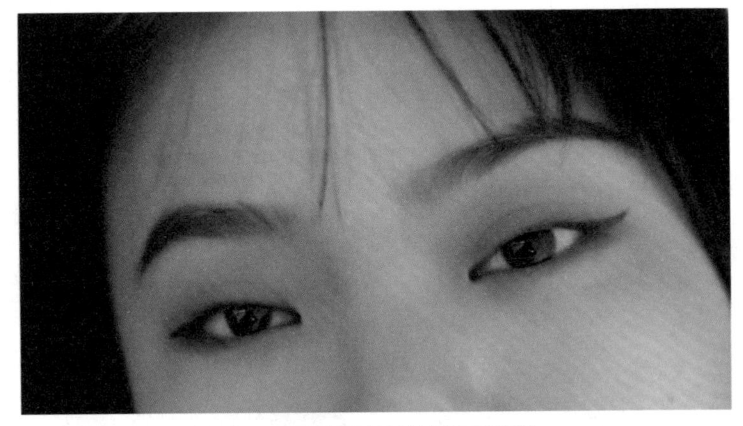

图8-12　特写镜头的拍摄示例(续)

8.2 运镜手法：轻松拍出视觉大片

本节主要介绍7种手机Vlog视频的运镜技巧，包括推拉、横移、摇移、甩动、跟随、升降、环绕。用户在使用手机拍摄Vlog视频时，可以采用这些运镜方式，以更好地突出画面细节、表达主题内容。

8.2.1 推拉运镜，表现物体的前后变化

推拉运镜是Vlog视频中最为常见的运镜方式，通俗来说就是一种“放大画面”或“缩小画面”的表现形式，可以用来强调拍摄场景的整体或局部，以及彼此的关系。

推拉运镜的操作技巧，如图8-13所示。

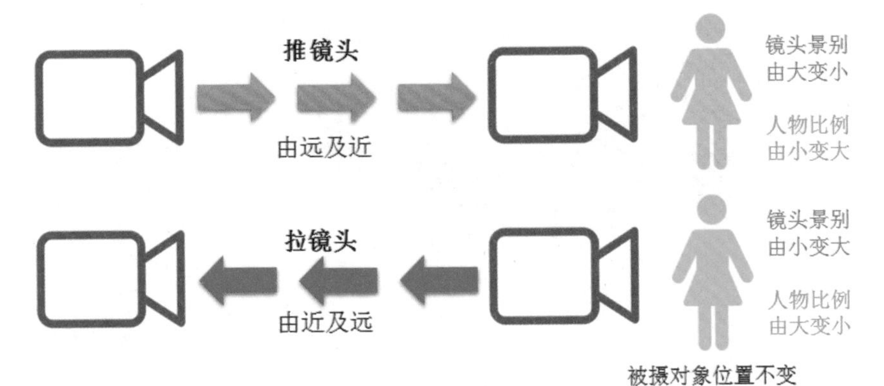

图8-13　推拉运镜的操作技巧

推镜头是指从较大的景别将镜头推向较小的景别，如从远景推至近景，从而突出用户要表达的细节，将这个细节之处从镜头中凸显出来，让观众注意到。

拉镜头的运镜方向与推镜头正好相反，先运用特写或近景等景别，将镜头靠近主体拍摄，然后再向远处逐渐拉出，拍摄远景画面。

拉镜头的主要作用是可以更好地渲染画面气氛，适用场景为剧情类Vlog视频的结尾，以及强调主体所在的环境。如图8-14所示，拍摄时镜头开始距离主体比较近，能够清晰地看到画面里钟表上的一些细节。

图8-14　近距离拍摄

然后通过拉镜头的运镜方式，将镜头机位向后拉远，画面中的钟表变得越来越小，同时让镜头获得更加宽广的取景视角，如图8-15所示。

图8-15　通过拉镜头交代主体所处的环境

8.2.2 横移运镜，扩大视频画面的空间感

横移运镜是指在拍摄Vlog视频时，镜头按照一定的水平方向移动。与推拉运镜向前后方向运动的不同之处在于，横移运镜是将镜头向左右方向运动。横移运镜的操作技巧，如图8-16所示。

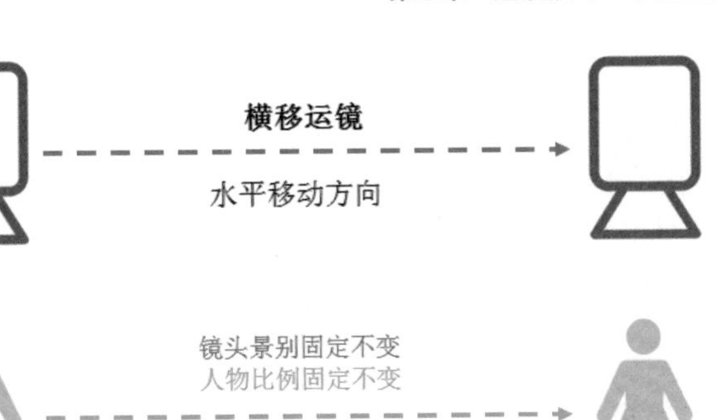

图8-16 横移运镜的操作技巧

横移运镜通常用于剧中的情节，如人物在沿直线方向走动时，镜头也跟着横向移动，不仅可以更好地展现出空间关系，而且能够扩大画面的空间感，如图8-17所示。

图8-17 拍摄人物行走的场景

在拍摄过程中，使用手机在人物侧面进行跟拍，镜头会跟随人物行走的方向同步向右侧移动，形成横移运镜的效果，能够让画面看上去更加流畅，如图8-18所示。

图8-18 通过横移运镜产生跟随拍摄的视觉效果

专家提醒

在使用横移运镜拍摄手机Vlog视频时，用户可以借助滑轨、手机稳定器等摄影设备，来保持手机的镜头在移动拍摄过程中的稳定性。

8.2.3 摇移运镜，展示主体所处的环境特征

摇移运镜主要是通过灵活变动的拍摄角度，来充分展示主体所处的环境特征，可以让观众在观看Vlog视频时产生身临其境的视觉体验感。

使用摇移运镜时应保持机位不变，然后朝着不同的方向转动镜头，就像是一个人站着不动，然后转动头部或身体，用眼睛向四周观看身边的环境。镜头运动方向可分为左右摇动、上下摇动、斜方向摇动，以及旋转摇动。摇移运镜的操作技巧，如图8-19所示。

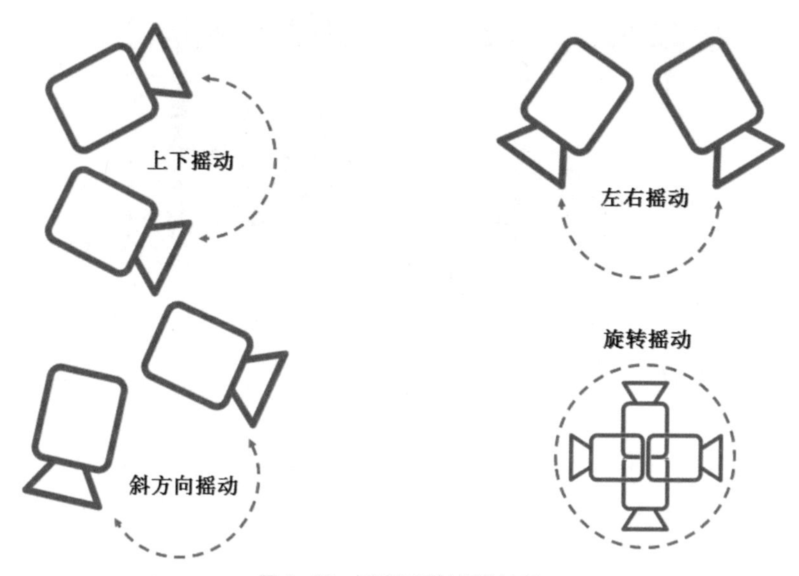

图8-19　摇移运镜的操作技巧

用户在使用摇移运镜手法拍摄Vlog视频时，手机机位和取景高度保持固定不变，镜头从左向右摇动，如图8-20所示拍摄的山坡风景。

需要注意的是，在拍摄时，快速摇动镜头的过程中视频画面也会变得很模糊，此时可以借助手持稳定器，更加方便、稳定地调整镜头方向。

图8-20　摇移运镜的拍摄示例

8.2.4 甩动运镜，制造画面抖动效果

甩动运镜也称为极速切换运镜，通常用于两个镜头切换时的画面，在第一个镜头即将结束时，通过向另一个方向甩动镜头，使镜头切换时的过渡画面产生强烈的模糊感，然后马上换到另一个场景继续拍摄。

甩动运镜跟摇移运镜的操作技巧类似，只是速度比较快，是用“甩”这个动作。甩动运镜的操作技巧，如图8-21所示。

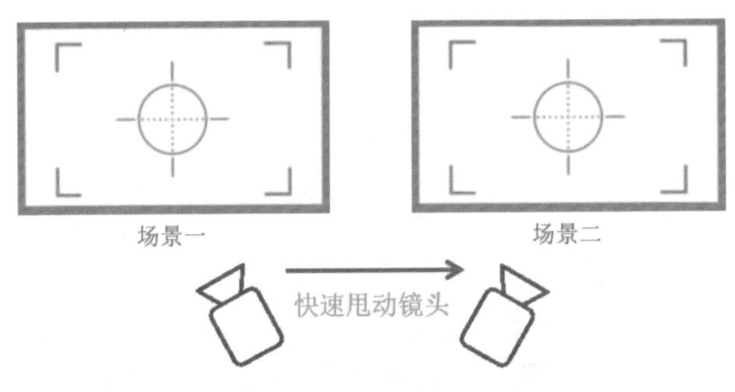

图8-21　甩动运镜的操作技巧

采用甩动运镜方式实现镜头画面的切换，可以让Vlog视频显得更有动感，如图8-22所示。在视频中可以非常明显地看到，镜头在快速甩动的过程中，画面也变得非常模糊。

图8-22　甩动运镜的过程中画面会变得模糊

甩动运镜可以营造出镜头跟随人物眼球快速移动的画面场景，能够表现出一种急速的爆发力和冲击力，从而展现出事物、时间和空间变化的突然性，让观众产生一种紧迫感。

8.2.5 跟随运镜，通过人物引出环境

跟随运镜与前面介绍的横移运镜类似，只是在方向上更为灵活多变，拍摄时可以始终跟随人物前进，让主角一直处于镜头中，从而产生强烈的空间穿越感。跟随运镜适用于拍摄人像类、旅行类、纪录片，以及宠物类等Vlog视频题材，能够很好地强调内容主题。

使用跟随运镜拍摄手机Vlog视频时，镜头与人物之间的距离基本保持一致，跟随的路径可以是直线或曲线，重点拍摄人物的面部表情或肢体动作的变化。跟随运镜的操作技巧，如图8-23所示。

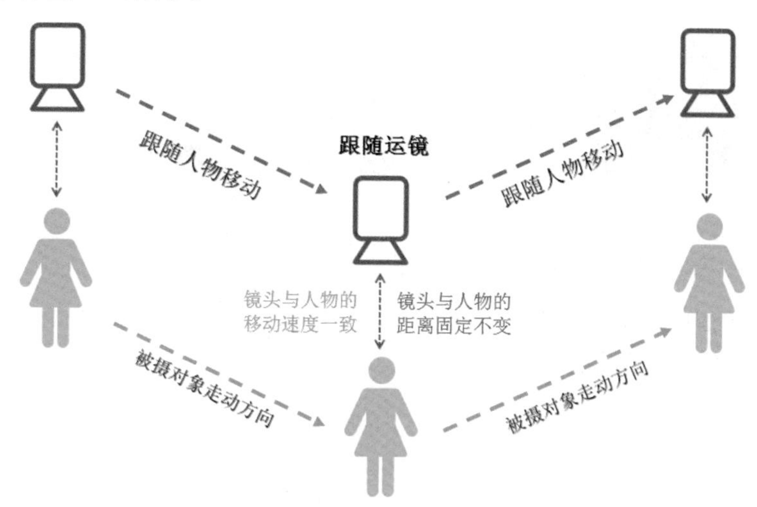

图8-23 跟随运镜的操作技巧

图8-24为采用“跟随运镜＋特写景别”的方式，拍摄人物手部轻抚草木的画面，通过人物的手部引出所处的环境，能够产生第一人称的画面即视感。

图8-24 跟随运镜的拍摄示例

图8-24　跟随运镜的拍摄示例(续)

8.2.6 升降运镜，带来画面的扩展感

升降运镜是指镜头的机位朝上下方向运动，从不同方向的视点来拍摄要表达的场景。升降运镜的操作技巧，如图8-25所示。

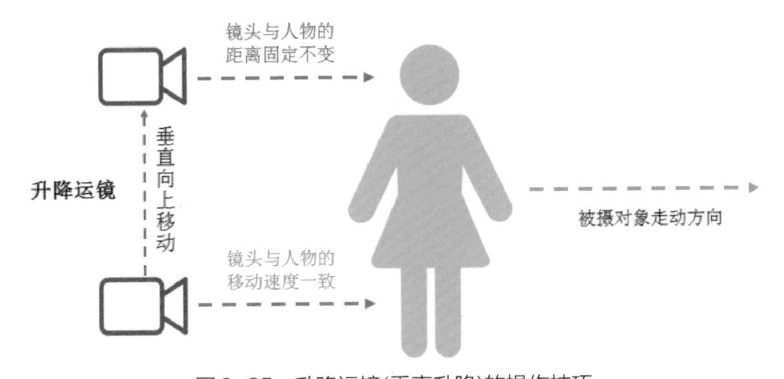

图8-25　升降运镜(垂直升降)的操作技巧

升降运镜适合拍摄气势宏伟的建筑物、高大的树木、雄伟壮观的高山，以及展示人物的局部细节。使用升降运镜拍摄Vlog视频时，可以切换不同的角度和方位来移动镜头，如垂直上下移动、上下弧线移动、上下斜向移动，以及不规则的升降方向。在画面中可以纳入一些前景元素，从而体现出空间的纵深感，让观众感觉主体对象更加高大。

例如，采用上升运镜拍摄建筑时，在拍摄过程中将镜头机位逐渐向上升高，这种从低处向高处的上升运镜方式不仅能够展示建筑的全貌，还能够体现建筑的高大，如图8-26所示。

图8-26　上升运镜的拍摄示例

8.2.7 环绕运镜，让画面更有张力

环绕运镜即镜头绕着对象360° 环拍，操作难度比较大，在拍摄时旋转的半径和速度要基本保持一致。环绕运镜的操作技巧，如图8-27所示。

环绕运镜可以拍摄出对象周围360° 的环境和空间特点，还可以配合其他运镜方式，来增强画面的视觉冲击力。当人物处于移动状态，环绕运镜的操作难度会更大，用户可以借助一些手持稳定器设备来稳定镜头，让旋转过程更为平滑、稳定。

图8-28为使用“手机＋手机稳定器”拍出的环绕运镜的效果，主体是画面中旋转的人物，手机围绕人物进行360° 拍摄。

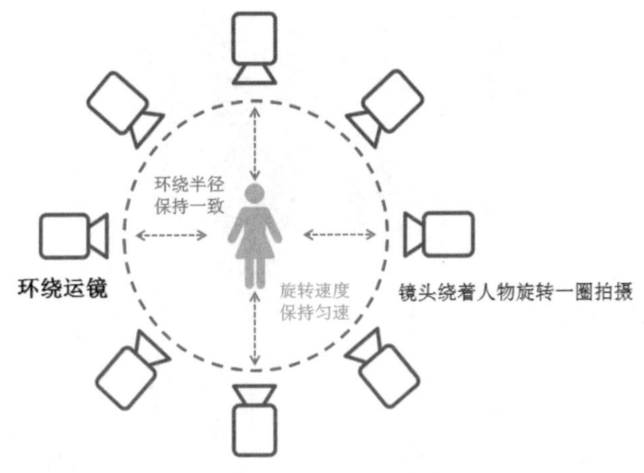

图 8-27　环绕运镜的操作技巧

图 8-28　环绕运镜的拍摄示例

第9章

大片感：剪映后期剪辑技巧

通常一部优秀的手机Vlog视频作品，除了前期的拍摄外，后期的剪辑也是非常重要的。剪辑不仅可以保留好看的镜头和片段以突出视频主题思想，还能增加多种特效、音效等，使视频内容更加精彩。

本章以剪映App为例，介绍视频后期剪辑处理的常用操作方法，这是一款功能强大的视频剪辑工具，能够让用户在手机上轻松完成Vlog视频剪辑。

9.1 3个技巧，帮你留下精彩瞬间

想要Vlog视频能够吸引观众，最简单的方法就是制作有特点、个性化的视频。本节将详细介绍剪映App的3个剪辑技巧，帮助大家轻松剪出有趣的Vlog视频效果。

9.1.1 Vlog 视频的基本剪辑处理

当我们使用剪映App制作一个精美的Vlog视频时，需先拍摄或者导入视频片段。下面介绍使用剪映App对Vlog视频进行剪辑处理的基本操作方法。

步骤 01 打开剪映 App，在主界面中点击“开始创作”按钮，如图 9-1 所示。

步骤 02 进入“最近项目”界面，❶选择合适的视频素材；❷点击右下角的“添加”按钮，如图 9-2 所示。

步骤 03 执行操作后，即可导入该视频素材，点击左下角的“剪辑”按钮，如图 9-3 所示。

步骤 04 执行操作后，进入视频剪辑界面，如图 9-4 所示。

图9-1　点击“开始创作”按钮

图9-2　选择视频素材

图9-3　点击“剪辑”按钮

图9-4　进入视频剪辑界面

步骤 05 拖曳时间轴至两个片段的相交处，如图 9-5 所示。

步骤 06 点击“分割”按钮，即可分割视频，如图 9-6 所示。

图9-5　拖曳时间轴

图9-6　分割视频

步骤 07 拖曳时间轴，❶选择视频的片尾；❷点击“删除”按钮，如图 9-7 所示。

步骤 08 执行操作后，即可删除剪映默认添加的片尾，如图 9-8 所示。

图9-7　点击“删除”按钮

图9-8　删除片尾

步骤 09 在剪辑菜单中点击“编辑”按钮，可以对视频进行旋转、镜像和裁剪等编辑处理，如图 9-9 所示。

步骤 10 在剪辑界面点击“复制”按钮，可以快速复制选择的视频片段，如图 9-10 所示。

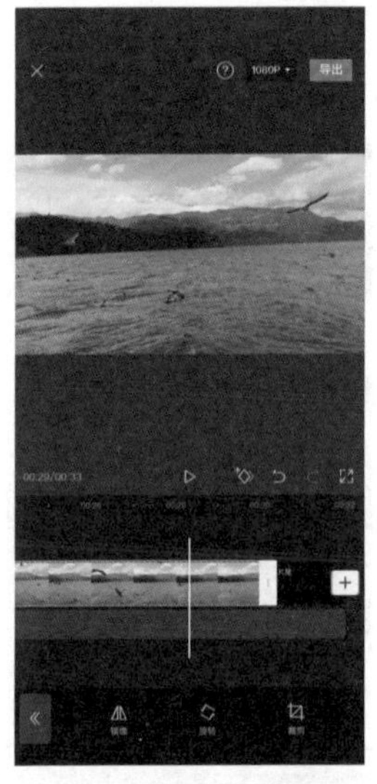

图9-9 视频编辑功能

图9-10 复制视频片段

9.1.2 制作变速 Vlog 视频

在处理Vlog视频时，可以对其进行一些变速处理，让视频效果更加有趣。下面介绍使用剪映App制作变速Vlog视频的操作方法。

步骤 01 在剪映 App 中导入一个视频素材，添加合适的背景音乐，点击底部的“剪辑”按钮，如图 9-11 所示。

步骤 02 进入剪辑编辑界面，在底部工具栏中点击“变速”按钮，如图 9-12 所示。

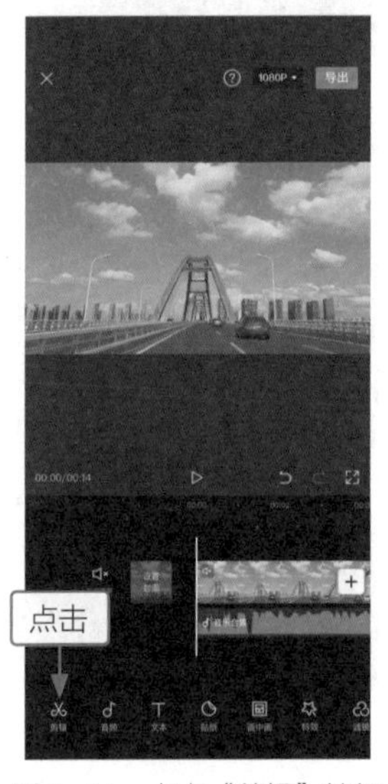

图9-11 点击“剪辑”按钮

图9-12 点击“变速”按钮

步骤 03 执行操作后，底部显示变速操作菜单，剪映 App 提供了常规变速和曲线变速两种功能，如图 9-13 所示。

步骤 04 点击“常规变速”按钮，进入相应编辑界面，拖曳红色的变速圆圈滑块，即可调整整段视频的播放速度，如图 9-14 所示。

图9-13　变速操作菜单

图9-14　常规变速编辑界面

步骤 05 在变速操作菜单中，点击“曲线变速”按钮，进入“曲线变速”编辑界面，如图 9-15 所示。

步骤 06 选择“自定”选项，点击“点击编辑”按钮，如图 9-16 所示。

图9-15　进入“曲线变速”界面

图9-16　点击“点击编辑”按钮

步骤 07 执行操作后，进入“自定”编辑界面，系统自动添加了一些变速点，向上拖曳变速点，即可加快播放速度，如图 9-17 所示。

步骤 08 向下拖曳变速点，可以降低播放速度，如图 9-18 所示。

图9-17　向上拖曳加快播放速度

图9-18　向下拖曳降低播放速度

步骤 09 返回“曲线变速”编辑界面，选择“蒙太奇”选项，如图 9-19 所示。

步骤 10 点击“点击编辑”按钮，进入“蒙太奇”编辑界面，将时间轴拖曳到需要变速处理的位置，如图 9-20 所示。

图9-19　选择“蒙太奇”选项

图9-20　拖曳时间轴

步骤 11 点击“添加点”按钮，即可添加一个新的变速点，如图 9-21 所示。

步骤 12 将时间轴拖曳到需要删除的变速点上，如图 9-22 所示。

图9-21　添加新的变速点

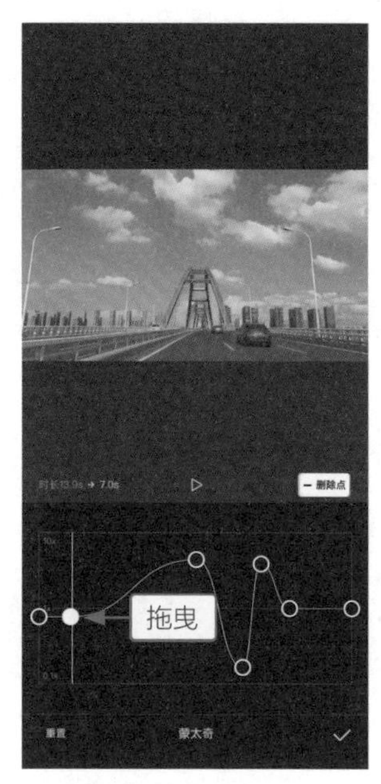

图9-22　拖曳时间轴

步骤 13 点击“删除点”按钮，即可删除所选的变速点，如图 9-23 所示。

步骤 14 根据背景音乐的节奏，适当添加、删除并调整变速点的位置，点击右下角的✓按钮确认，完成曲线变速的调整，如图 9-24 所示。

图9-23　删除变速点

图9-24　完成曲线变速的调整

步骤 15 点击右上角的“导出”按钮，导出并预览视频效果，如图 9-25 所示。

图9-25　导出并预览视频效果

9.1.3 让 Vlog 视频中的时光倒流

在制作Vlog视频时，通过进行倒放处理，能让视频产生特别奇幻的视觉效果。下面介绍使用剪映App制作Vlog视频倒放效果的操作方法。

步骤 01 在剪映 App 中导入一个视频素材，添加合适的背景音乐，如图 9-26 所示。

步骤 02 点击底部的“剪辑”按钮，进入剪辑编辑界面，❶选择相应的视频片段；❷在底部工具栏中点击“倒放”按钮，如图 9-27 所示。

图9-26　添加背景音乐

图9-27　点击“倒放”按钮

步骤 03 系统会对视频片段进行倒放效果的处理，并显示其处理进度，如图 9-28 所示。

步骤 04 稍等片刻，即可倒放所选视频，如图 9-29 所示。

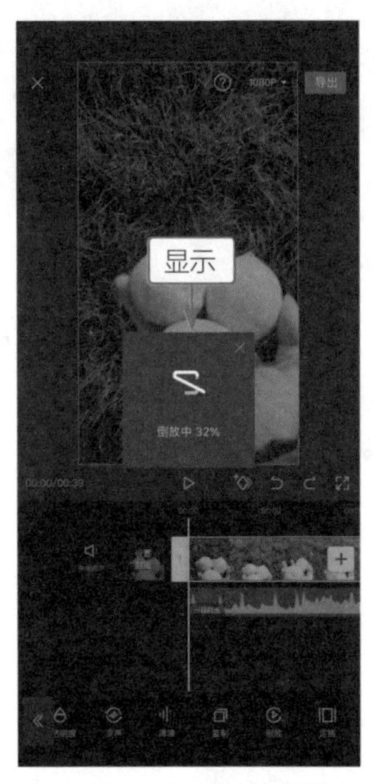

图9-28 显示倒放处理进度

图9-29 倒放视频

步骤 05 点击右上角的“导出”按钮，导出并预览视频效果，如图 9-30 所示。可以看到，原本视频中的人物将柠檬扔下草地，而现在变成了柠檬从草地上飞回人物的手中。

图9-30 导出并预览视频效果

图9-30　导出并预览视频效果(续)

9.2 4种方式，剪辑个性Vlog大片

要想制作一个出彩的Vlog视频，只用简单的剪辑手法是不够的。剪映App强大的后期处理功能，能够帮助用户实现更多精彩的效果。本节将详细介绍如何在剪映App中制作富有个性的Vlog视频效果。

9.2.1 制作拍照定格的 Vlog 视频

定格的Vlog视频会使观众产生视觉上的奇妙感，能让Vlog视频变得更有意境。下面介绍使用剪映App制作Vlog视频定格效果的操作方法。

步骤 01 在剪映 App 中导入一个视频素材，添加适合的背景音乐，如图 9-31 所示。

步骤 02 点击底部的“剪辑”按钮，进入剪辑编辑界面，❶拖曳时间轴至需要定格的位置；❷在底部工具栏中点击“定格”按钮，如图 9-32 所示。

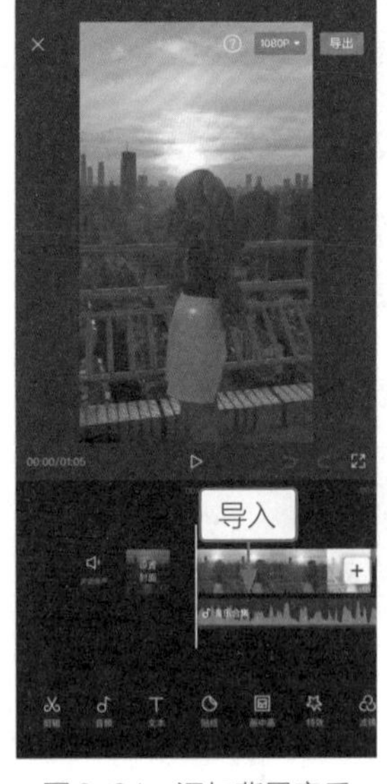

图9-31　添加背景音乐

图9-32　点击“定格”按钮

步骤 03 执行操作后，即可自动分割出所选的定格片段画面，如图 9-33 所示。

步骤 04 确认后，点击“音频”按钮，进入音频编辑界面，点击“音效”按钮，在“机械”音效菜单中选择“拍照声 1”选项，如图 9-34 所示。

图9-33　分割出定格片段画面

图9-34　选择音效

步骤 05 点击“使用”按钮，添加一个拍照音效，如图 9-35 所示。关于音效和特效的添加方法，后面会有详细介绍，这里不再赘述。

步骤 06 在“基础”特效菜单中，选择“白色渐显”选项，如图 9-36 所示。

图9-35　添加拍照音效

图9-36　选择“白色渐显”选项

步骤 07 执行操作后，即可添加“白色渐显”特效，如图 9-37 所示。

步骤 08 适当调整特效的持续时间，将其缩短到与音效的时间基本一致，如图 9-38 所示。

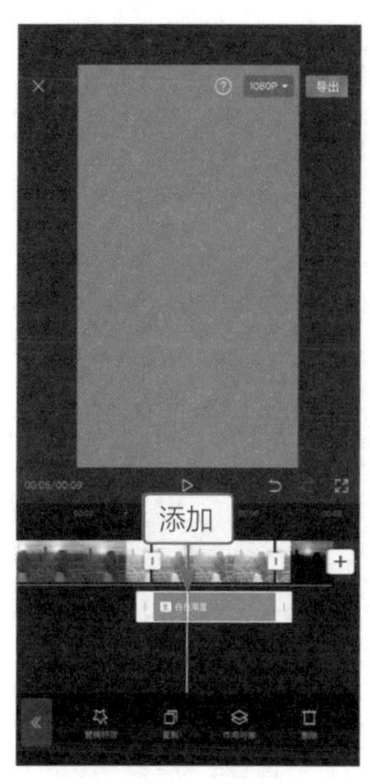

图 9-37　添加特效

图 9-38　调整特效的持续时间

步骤 09 点击右上角的“导出”按钮，导出并预览视频效果，如图 9-39 所示。可以看到，人物在抬头的一瞬间画面变亮，响起了“咔嚓”的拍照声，同时画面一闪后定格在这个抬起头的瞬间，在视频中实现了拍照定格的效果。

图 9-39　导出并预览视频效果

图9-39　导出并预览视频效果(续)

9.2.2 Vlog 视频人物一秒变动漫

将Vlog视频中的人物变成动漫效果，不仅可以遮盖原本人物的缺点，还能够让视频变得新鲜有趣。下面介绍使用剪映App制作漫画人物效果的操作方法。

步骤 01 在剪映 App 主界面中，点击“开始创作”按钮，进入“最近项目”界面，❶选择一张照片素材；❷点击右下角的“添加”按钮，导入照片素材，如图 9-40 所示。

步骤 02 进入剪辑编辑界面，❶添加合适的背景音乐并调整相应的时间长度；❷选择照片素材并拖曳时间轴至合适位置；❸点击“分割”按钮，如图 9-41 所示。

图9-40　导入照片素材

图9-41　分割照片素材

步骤 03 分割视频后，选择第 1 段视频，拖曳右侧的白色拉杆，适当调整视频的长度，如图 9-42 所示。

步骤 04 用同样的操作方法，调整第 2 段视频的长度，如图 9-43 所示。

图9-42　调整第1段视频的长度

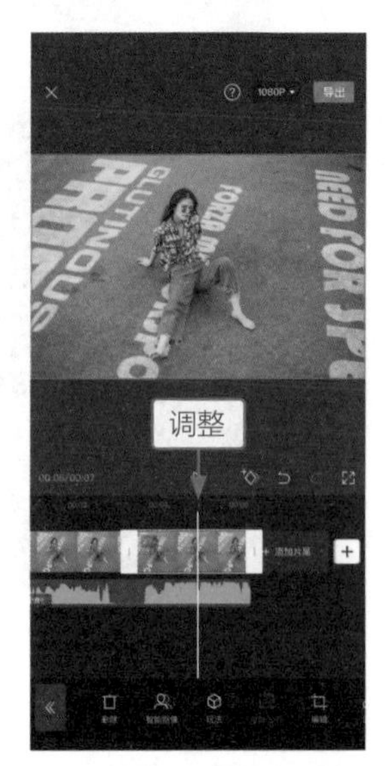

图9-43　调整第2段视频的长度

步骤 05 选择第 2 段视频，点击剪辑菜单中的“玩法”按钮，如图 9-44 所示。

步骤 06 点击“潮漫”按钮，即可显示生成效果的进度，如图 9-45 所示。

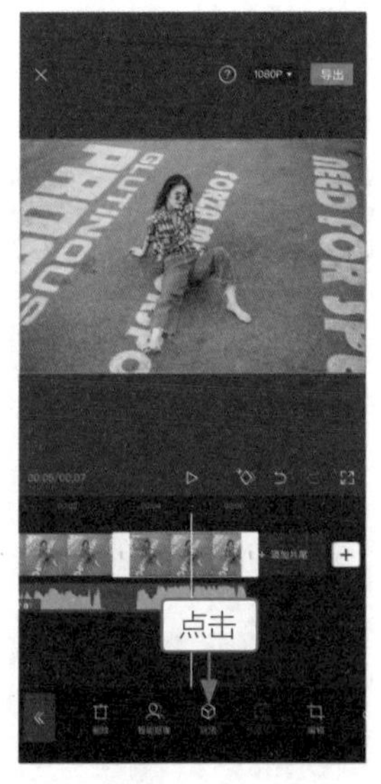

图9-44　点击“玩法”按钮

图9-45　显示生成效果进度

步骤 07 执行操作后，即可将第 2 段视频变成动漫效果，如图 9-46 所示。

步骤 08 点击两段视频中间的转场按钮□，如图 9-47 所示。

图9-46　生成动漫效果

图9-47　点击转场按钮

步骤 09 进入“转场”界面，选择“运镜转场”效果中的“推近”选项，如图9-48所示。

步骤 10 点击右下角的✓按钮确认，即可添加转场效果，同时转场图标变成了⋈形态，如图9-49所示。

图9-48　选择“推近”选项

图9-49　添加转场效果

步骤 11 点击右上角的“导出”按钮，导出并预览视频效果，如图9-50所示。可以看到，当画面经过“推近”运镜转场后，忽然画风一转，视频中的人物变成了动漫风格的效果。

图9-50　导出并预览视频效果

9.2.3 加入有趣的视频素材

当用户发现好看的素材时，可通过剪映App的“替换”功能将素材加入原本的视频中。下面介绍使用剪映App在视频中加入素材的操作方法。

步骤 01 在剪映 App 中导入一个视频素材，添加相应背景音乐，如图 9-51 所示。

步骤 02 ❶在视频轨道中选择要替换掉的视频片段；❷点击剪辑菜单中的“替换”按钮，如图 9-52 所示。

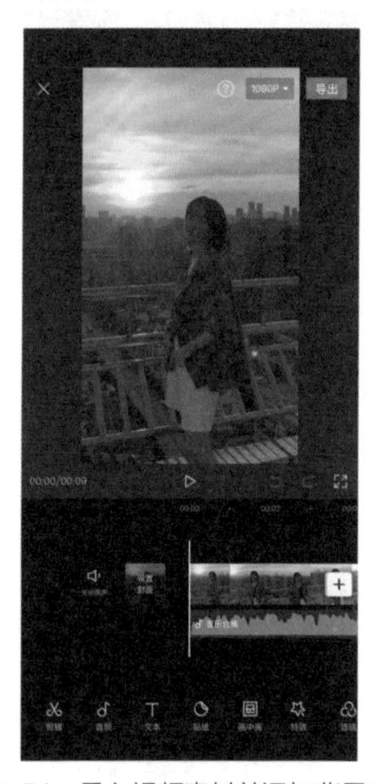

图9-51　导入视频素材并添加背景音乐

图9-52　选择要替换的视频片段

步骤 03 进入“最近项目”界面，点击“素材库”标签，如图 9-53 所示。

步骤 04 执行操作后，即可切换至“素材库”选项卡，如图 9-54 所示。

图9-53　点击“素材库”标签

图9-54　切换至“素材库”选项卡

步骤 05 在“蒸汽波”选项卡中，选择喜欢的动画素材，如图9-55所示。

步骤 06 执行操作后，可以预览素材的效果，如图9-56所示。

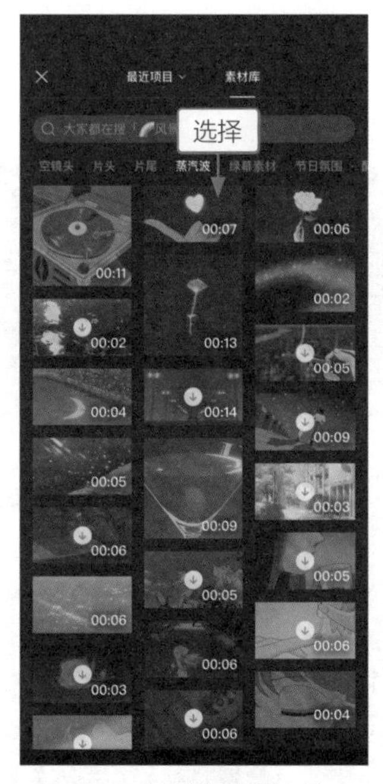

图9-55　选择动画素材

图9-56　预览素材的效果

步骤 07 拖曳底部的白色矩形框，确认选取的素材片段范围，如图 9-57 所示。

步骤 08 点击“确认”按钮，即可替换所选的素材，如图 9-58 所示。

图9-57 确认素材片段范围

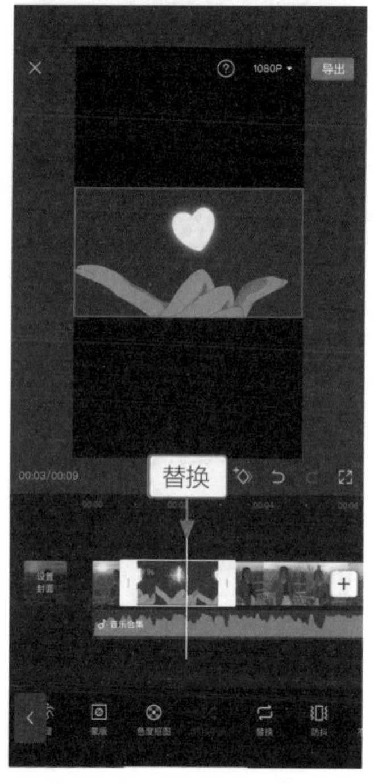

图9-58 替换所选的素材

步骤 09 点击右上角的“导出”按钮，导出并预览视频效果，配合人物的转身，产生一种浪漫的画面气氛，如图 9-59 所示。

图9-59 导出并预览视频效果

图9-59　导出并预览视频效果(续)

9.2.4 制作火爆的三屏 Vlog 视频

三屏效果不仅丰富了视频画面，还能够让主体更加突出。下面介绍使用剪映App制作三屏Vlog视频的操作方法。

步骤 01 在剪映 App 中导入一个视频素材，添加背景音乐，点击底部的“比例”按钮，如图 9-60 所示。

步骤 02 调出比例菜单，选择 9 ： 16 选项，调整屏幕显示比例，如图 9-61 所示。

图9-60　点击“比例”按钮

图9-61　调整显示比例

步骤 03 返回主界面，点击“背景”按钮，如图 9-62 所示。

步骤 04 进入背景编辑界面，点击“画布颜色”按钮，如图 9-63 所示。

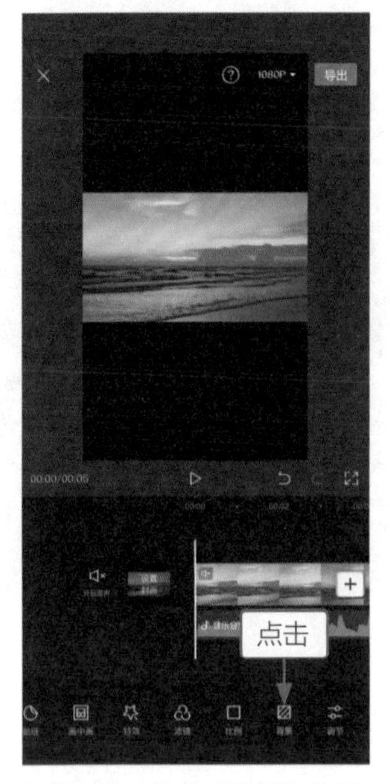

图9-62　点击“背景”按钮

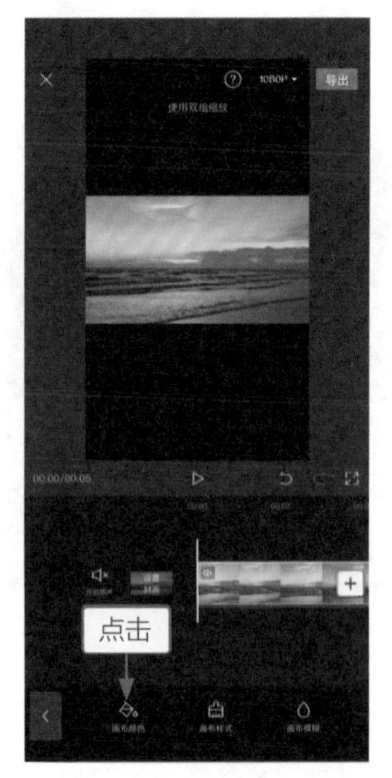

图9-63　点击“画布颜色”按钮

步骤 05 调出“画布颜色”菜单，用户可以在其中选择合适的背景颜色效果，如图 9-64 所示。

步骤 06 在背景编辑界面，点击“画布样式”按钮，调出菜单，如图 9-65 所示。

图9-64　选择背景颜色效果

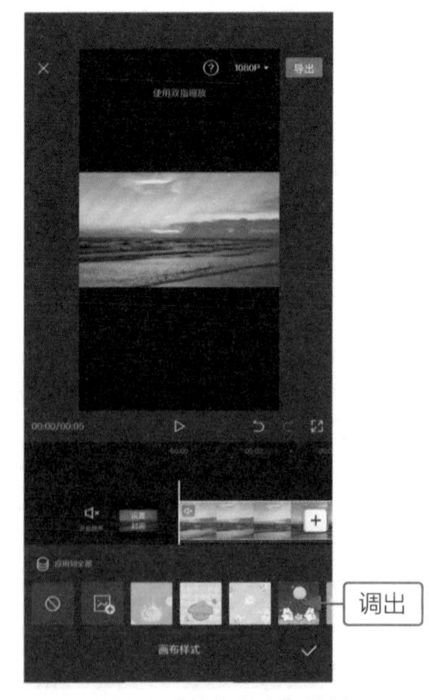

图9-65　调出“画布样式”菜单

步骤 07 用户可以在屏幕下方选择画布样式模板，如图 9-66 所示。

步骤 08 用户也可以在“画布样式”菜单中点击按钮，进入“照片视频”界面，在其中选择合适的背景图片，如图 9-67 所示。

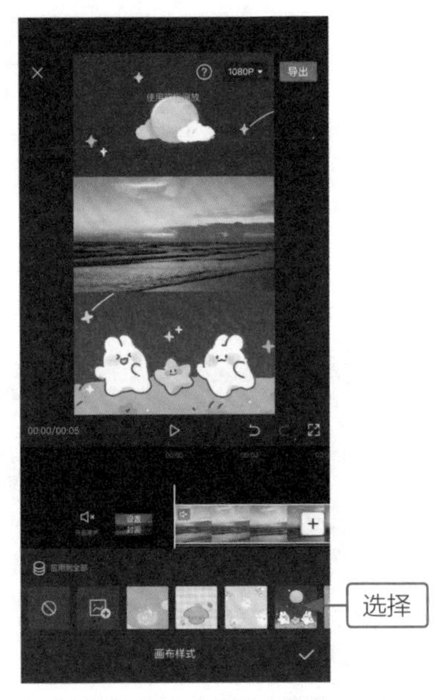

图9-66　选择画布样式模板

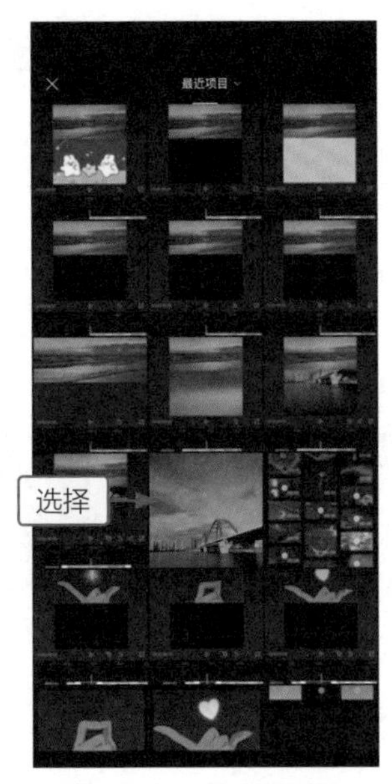

图9-67　选择背景图片

步骤 09 执行操作后，即可设置背景效果，如图 9-68 所示。

步骤 10 在背景编辑界面中，点击“画布模糊”按钮调出菜单，选择合适的模糊程度，如图 9-69 所示。

图9-68　设置背景效果

图9-69　选择模糊程度

步骤 11 点击右上角的“导出”按钮，导出并预览视频效果，如图 9-70 所示。可以看到画面分为上中下三屏，上端和下端的分屏画面呈模糊状态，而中间的分屏画面则呈清晰状态显示，这种效果可以让画面主体更加聚焦。

图9-70 导出并预览视频效果

第10章

调色：调出 Vlog 的绚丽色彩

学前提示

剪映App除了可以对视频进行剪辑外，还可以调整视频画面中很多影调参数，如亮度、对比度、饱和度、锐度、色温等。通过对这些参数的调节，可以让视频的色彩变得更加完美。

本章详细介绍如何用剪映App调整视频的色彩和影调。

10.1 视频调色技巧，创造精彩效果

色彩对于Vlog视频来说是很重要的，它能够让视频画面更加鲜活灵动，在视觉上给观众更强的冲击力，也能使视频内容更完美地展现出来。

10.1.1 滤镜：让视频画面不再单调

在剪映App中，有许多好看的滤镜效果，选择一个合适的滤镜效果能够让Vlog视频变得更加出彩。下面介绍使用剪映App为Vlog视频添加滤镜效果的操作方法。

步骤 01 打开剪映 App，在主界面中点击“开始创作”按钮[+]，如图 10-1 所示。

步骤 02 进入“最近项目”界面；❶选择视频素材；❷点击“添加”按钮，如图 10-2 所示。

图 10-1 点击“开始创作”按钮

图 10-2 选择并添加视频素材

步骤 03 导入视频素材，添加合适的背景音乐，调整音乐的持续时间与视频时间保持一致，点击“滤镜”按钮，如图 10-3 所示。

步骤 04 进入滤镜编辑界面，点击“新增滤镜”按钮，如图 10-4 所示。

图 10-3 点击“滤镜”按钮

图 10-4 点击“新增滤镜”按钮

步骤 05 进入“滤镜”界面，❶切换至“精选”滤镜选项卡；❷在下方的滤镜样式中选择“清晰”样式，如图 10-5 所示。

步骤 06 选中滤镜轨道，拖曳两端的白色拉杆，调整滤镜的持续时间与视频时间保持一致，如图 10-6 所示。

图 10-5　选择滤镜效果

图 10-6　调整滤镜的持续时间

步骤 07 点击底部的“滤镜”按钮，调出滤镜菜单，再次点击所选择的滤镜效果，拖曳白色圆圈滑块，适当调整滤镜程度，如图 10-7 所示。

步骤 08 点击“导出”按钮，导出并预览视频效果，如图 10-8 所示。

图 10-7　调整滤镜程度

图 10-8　导出并预览视频效果

10.1.2　调节：调出清新油菜花色调

在滤镜的基础上，通过剪映App的“调节”功能可以让Vlog视频的色彩变得更加完美。下面介绍使用“调节”功能调出清新油菜花色调的操作方法。

步骤 01 在剪映 App 中导入一段视频素材，添加相应背景音乐，点击“滤镜”按钮，如图 10-9 所示。

步骤 02 进入滤镜编辑界面，点击“新增滤镜”按钮，如图 10-10 所示。

图 10-9　点击“滤镜”按钮

图 10-10　点击“新增滤镜”按钮

步骤 03 进入“滤镜”界面，❶切换至“精选”滤镜选项卡；❷在下方的滤镜样式中选择“清晰”样式，如图 10-11 所示。

步骤 04 确认后，点击“新增调节”按钮，如 10-12 所示。

图 10-11　选择滤镜效果

图 10-12　点击“新增调节”按钮

步骤 05 在“调节”面板中，设置“亮度”为 20、“对比度”为 -30、“光感”为 10、“锐化”为 30、“高光”为 20，部分参数如图 10-13、图 10-14 所示。

图10-13　设置“亮度”参数

图10-14　设置“对比度”参数

步骤 06 点击✓按钮，应用调节效果，生成相应的调节轨道，如图 10-15 所示。

步骤 07 调整滤镜轨道，调节轨道的持续时间，与视频时间保持一致，如图 10-16 所示。

图10-15　生成调节轨道

图10-16　调节轨道的持续时间

步骤 08 点击“导出”按钮，导出并预览视频效果，如图 10-17 所示。

图 10-17　导出并预览视频效果

10.1.3 美颜：磨皮瘦脸让人物更美

人物的形象在Vlog视频中是非常重要的，在剪映App中可以对人物进行美颜效果的处理，让视频中的人物更加美丽动人。下面介绍使用剪映App的“美颜”功能，处理人物形象的操作方法。

步骤 01 在剪映 App 中导入视频素材，添加合适的背景音乐，点击“剪辑”按钮，如图 10-18 所示。

步骤 02 在时间线区域中，选择视频轨道，如图 10-19 所示。

图 10-18　点击“剪辑”按钮

图 10-19　选择视频轨道

步骤 03 在剪辑菜单中，点击“美颜”按钮，如图 10-20 所示。

步骤 04 执行操作后，打开“美颜”菜单，❶选择“磨皮”选项；❷适当向右拖曳滑块调整参数，使得人物的皮肤更加细腻，如图 10-21 所示。

图 10-20　点击“美颜”按钮

图 10-21　调整磨皮效果

步骤 05 ❶切换至“瘦脸”选项卡；❷适当向右拖曳滑块，使人物的脸型更加完美，如图 10-22 所示。

步骤 06 点击✓按钮，确认应用美颜效果，如图 10-23 所示。

图10-22　调整瘦脸效果

图10-23　应用美颜效果

步骤 07 点击右上角的“导出”按钮，导出并预览视频效果，如图10-24所示。

图10-24　导出并预览视频效果

10.2 滤镜效果，让视频更有个性

剪映App除了能够为Vlog视频进行基础调色外，还有很多其他的滤镜效果可供用户选择，使视频画面更加出彩、更加个性化。本节详细介绍剪映App中几款火爆的滤镜效果。

10.2.1 黑白电影感滤镜效果

黑白滤镜效果就是将视频画面中原有的彩色去掉，只留下最原始的黑白灰三色，滤镜模仿黑白电影的画风，使手机拍摄的Vlog视频也能呈现出无色的艺术感。下面介绍使用剪映App将视频画面调为黑白电影感滤镜的操作方法。

步骤 01 在剪映 App 中导入一个视频素材，添加相应背景音乐，如图 1-25 所示。

步骤 02 在操作界面中，点击“滤镜”按钮，如图 10-26 所示。

图 10-25　导入素材并添加音乐

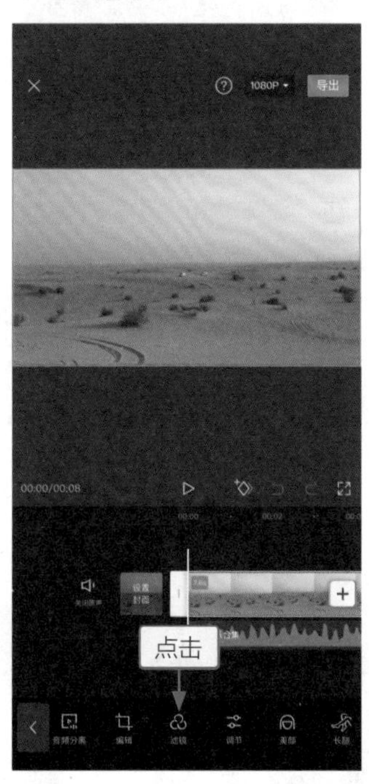

图 10-26　点击“滤镜”按钮

步骤 03 进入音乐“滤镜”选择界面，❶切换至“风格化”滤镜选项卡；❷在下方的滤镜样式中选择“默片”样式，如图 10-27 所示。

步骤 04 确认后，点击“新增调节”按钮，如 10-28 所示。

图10-27　选择滤镜样式

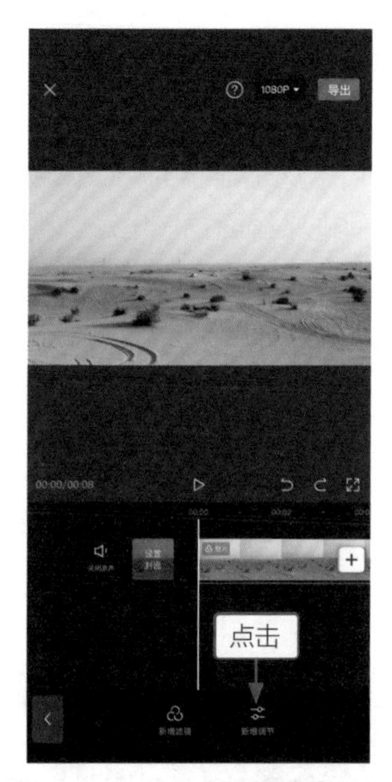

图10-28　点击“新增调节”按钮

步骤 05 在“调节”面板中，设置“对比度”为15、“饱和度”为20、“锐化”为30，参数设置如图10-29～图10-31所示。

图10-29　设置“对比度”参数

图10-30　设置“饱和度”参数

图10-31　设置“锐化”参数

步骤 06 确认后，调整滤镜轨道，调节轨道的持续时间与视频时间保持一致，点击“导出”按钮，导出并预览视频前后的对比效果，如图10-32所示。

图10-32　导出并预览视频前后的对比效果

10.2.2　赛博朋克滤镜效果

剪映App中的赛博朋克滤镜特效，会使照片整体看上去具有未来感，色彩搭配上也会有比较强烈的对比。下面介绍使用剪映App将视频画面调为赛博朋克色调风格的操作方法。

步骤 01 在剪映 App 中导入视频素材，添加相应背景音乐，点击“滤镜”按钮，如图 10-33 所示。

步骤 02 进入“滤镜”选择界面，❶切换至“风格化”滤镜选项卡；❷在下方的滤镜样式中选择“赛博朋克”样式，如图 10-34 所示。

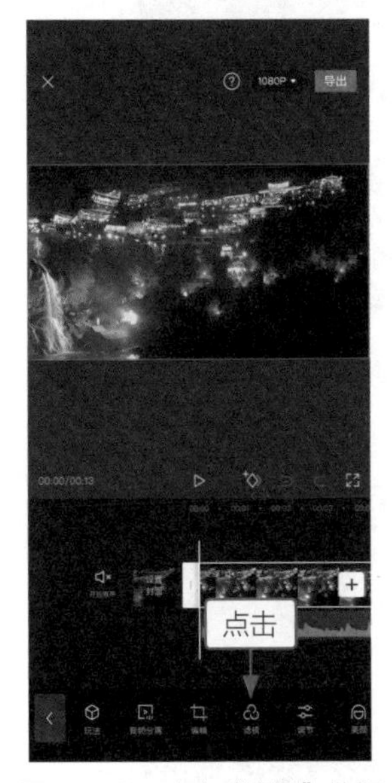

图10-33　点击“滤镜”按钮

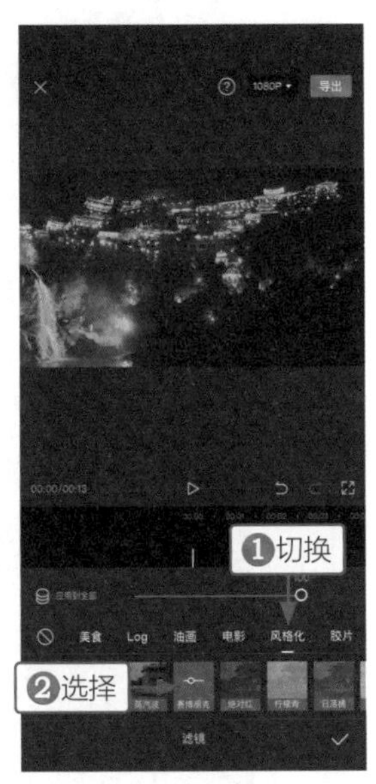

图10-34　选择滤镜样式

步骤 03 确认后，点击“新增调节”按钮，在“调节”面板中，设置“饱和度”为 15、“锐化”为 40、“高光”为 20、“色温”为 10，部分参数如图 10-35、图 10-36 所示。

步骤 04 调整滤镜轨道，调节轨道的持续时间与视频时间保持一致，如图 10-37 所示。

步骤 05 点击“导出”按钮，导出并预览视频前后的对比效果，如图 10-38 所示。

图10-35　设置“锐化”参数

图10-36　设置“高光”参数

图10-37　调节轨道持续时间

图10-38　导出并预览视频前后的对比效果

10.2.3 鲜亮清新感滤镜效果

剪映App中的清新滤镜，有“鲜亮”“清透”“淡奶油”“初见”“梦境”等样式，这一系列滤镜风格偏高亮度，能为视频画面制造出清新的色调效果。下面以“鲜亮”滤镜为例，介绍具体的调色方法。

步骤 01 在剪映 App 中导入视频素材，添加相应背景音乐，点击“滤镜”按钮，如图 10-39 所示。

步骤 02 进入“滤镜”选择界面，❶切换至“清新”滤镜选项卡；❷在下方的滤镜样式中选择“鲜亮”样式，如图 10-40 所示。

图 10-39　点击“滤镜”按钮

图 10-40　选择滤镜样式

步骤 03 确认后，点击“新增调节”按钮，在“调节”面板中，设置“对比度”为 20、“光感”为 12、“锐化”为 30、色调为 -30，部分参数如图 10-41 所示。

步骤 04 设置完成后，调整滤镜轨道，调节轨道的持续时间与视频时间保持一致，如图 10-42 所示。

图 10-41　设置“对比度”参数

图 10-42　调节轨道持续时间

步骤 05 点击“导出”按钮，导出并预览视频前后的对比效果，如图 10-43 所示。

图 10-43　导出并预览视频前后的对比效果

10.2.4 橙黄温暖感滤镜效果

剪映App中的暖色滤镜包括“橘光”“鲜亮”“港风”“红与蓝”“暮色”等，这一系列滤镜能够使原本偏冷或中性的视频画面，呈现出温暖的橙黄色调效果。下面以“橘光”滤镜为例，介绍温暖橙黄滤镜调色的应用技巧。

步骤 01 在剪映 App 中导入视频素材，添加相应背景音乐，点击“滤镜”按钮，如图 10-44 所示。

步骤 02 进入“滤镜”界面，❶切换至“风景”滤镜选项卡；❷在下方的滤镜样式中选择“橘光”样式，如图 10-45 所示。

图10-44　点击"滤镜"按钮

图10-45　选择滤镜样式

步骤 03 确认后，点击"新增调节"按钮，在"调节"面板中，设置"饱和度"为15、"光感"为12、"锐化"为30，部分参数如图10-46所示。

步骤 04 确认后，调整滤镜轨道，调节轨道的持续时间与视频时间保持一致，如图10-47所示。

图10-46　设置"饱和度"参数

图10-47　调节轨道持续时间

步骤 05 点击"导出"按钮，导出并预览视频前后的对比效果，如图10-48所示。

图 10-48　导出并预览视频前后的对比效果

第11章

特效：剪映创意玩法

经常观看Vlog视频的人会发现，很多热门的Vlog视频都添加了好看的特效。这些特效不仅丰富了视频画面的元素，还能让视频整体的效果变得更加精彩。

本章将介绍剪映App的特效制作方法，帮助用户制作出更有创意的Vlog视频。

11.1 给Vlog视频增加转场效果

在拍摄手机Vlog视频后，如果同时对两段或两段以上的视频进行后期处理，或者要合成几段视频，就需要在视频衔接处添加转场效果，也就是上一段视频到下一段视频中间的过渡，需要做一个转场处理。本节将为大家介绍几个热门转场效果的具体制作方法。

11.1.1 基础转场：为所有视频片段添加转场效果

场景的转化看上去简单，只是将镜头从一个地方移动到另一个地方。然而，场景的转换至关重要，它不仅关系到Vlog视频中剧情的走向或视频中事物的命运，也关系到作品整体的视觉感官效果。

下面介绍使用剪映App为Vlog视频添加转场效果的操作方法。

步骤 01 在剪映 App 中导入一个视频素材，添加相应背景音乐后，点击“剪辑”按钮，进入剪辑编辑界面，❶拖曳时间轴至相应位置；❷点击“分割”按钮，如图 11-1 所示。

步骤 02 添加分割点，将视频分割为多段，如图 11-2 所示。

图 11-1　选择要分割的视频

图 11-2　将视频分割为多段

步骤 03 点击第 1 段与第 2 段视频素材中间的□图标，如图 11-3 所示，进入“转场”编辑界面。

步骤 04 ❶点击“基础转场”按钮；❷选择“叠化”转场效果；❸向右拖曳“转场时长”滑块，可以调整转场效果的持续时间，如图 11-4 所示。

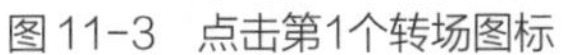
图 11-3　点击第1个转场图标

图 11-4　选择并调整转场效果

步骤 05 继续点击第 2 段与第 3 段视频素材中间的▯图标，如图 11-5 所示。

步骤 06 ❶点击“基础转场”按钮；❷选择“模糊”转场效果；❸向右拖曳“转场时长”滑块，调整转场效果的持续时间，如图 11-6 所示。

图 11-5　点击第2个转场图标

图 11-6　调整转场效果的持续时间

步骤 07 操作完成后，点击“导出”按钮，导出并预览视频效果，如图 11-7 所示。

图 11-7　导出并预览视频效果

11.1.2　运镜转场：用镜头的自然过渡作为转场

运镜转场相比基础转场更多了几分动感，使Vlog视频的转场效果更具有张力。下面介绍使用剪映App为Vlog视频添加运镜转场效果的操作方法。

步骤 01 打开剪映 App，导入拍好的多段视频素材，添加相应背景音乐后，点击两段视频片段中间的□图标，进入“转场”编辑界面，切换至“运镜转场”选项卡，如图 11-8 所示。

步骤 02 在选项卡的转场效果中，❶选择“推近”转场效果；❷向右拖曳“转场时长”滑块，调整转场效果的持续时间，如图 11-9 所示。

图 11-8　切换至“运镜转场”选项卡

图 11-9　选择并调整转场效果

步骤 03 点击“应用到全部”按钮，将转场特效应用到全部视频片段。点击“导出”按钮，导出并预览视频效果，如图 11-10 所示。

图 11-10　导出并预览视频效果

11.1.3 特效转场：为作品添姿增色

特效转场是一款充满了奇幻视觉效果的转场方式，常常用于表现人物复杂的内心。下面介绍使用剪映App为Vlog视频添加特效转场效果的操作方法。

步骤 01 打开剪映 App，导入多段拍好的视频素材，添加相应背景音乐。点击两段视频片段中间的□图标，进入“转场”编辑界面，❶切换至“特效转场”选项卡；❷选择“色差故障”转场效果，如 11-11 所示。

步骤 02 点击“应用到全部”按钮，将特效应用到全部视频片段，如图 11-12 所示。

图 11-11　添加转场效果

图 11-12　点击“应用到全部”按钮

步骤 03 点击“导出”按钮，导出并预览视频效果，如图 11-13 所示。

图 11-13　导出并预览视频效果

11.2 设置Vlog视频动画效果

在手机上使用剪映App剪辑Vlog时，添加简单的动画效果即可为视频增添趣味。本节主要介绍使用剪映App为视频制作“入场动画”“出场动画”“组合动画”的具体操作方法。

11.2.1 入场动画：缩小或放大进入视频

为Vlog视频添加一个合适的入场动画，能够更好地吸引观看者的目光。下面介绍使用剪映App为Vlog视频设置入场动画效果的操作方法。

步骤 01 打开剪映 App，导入一段视频素材，添加背景音乐。点击“剪辑”按钮，进入视频剪辑界面，点击“动画”按钮，进入动画选择界面，如图 11-14 所示。

步骤 02 点击“入场动画”按钮，如图 11-15 所示。

图 11-14　点击“动画”按钮

图 11-15　点击“入场动画”按钮

步骤 03 在“入场动画”界面中，选择“放大”动画效果（也可以选择“缩小”入场动画，亦可得到画面从大到小的入场效果），如图 11-16 所示。

步骤 04 向右拖曳“动画时长”滑块，调整动画效果的持续时间，如图 11-17 所示。

图 11-16 选择动画效果

图 11-17 调整动画效果持续时间

步骤 05 点击“导出”按钮，导出并预览视频效果，如图 11-18 所示。

图 11-18 导出并预览视频效果

11.2.2 出场动画：滑动或转出离开视频

出场动画可以配合Vlog视频的结尾，让视频看起来更加完整、更有设计感。下面介绍使用剪映App为Vlog视频设置出场动画效果的操作方法。

步骤 01 打开剪映 App，导入一段视频素材，添加相应背景音乐。在视频剪辑界面中，点击“动画”按钮，如图 11-19 所示。

步骤 02 进入动画选择界面，点击“出场动画”按钮，如图 11-20 所示。

步骤 03 选择“向上转出”动画效果，如图 11-21 所示。

图 11-19　点击“动画”按钮

图 11-20　点击“出场动画”按钮

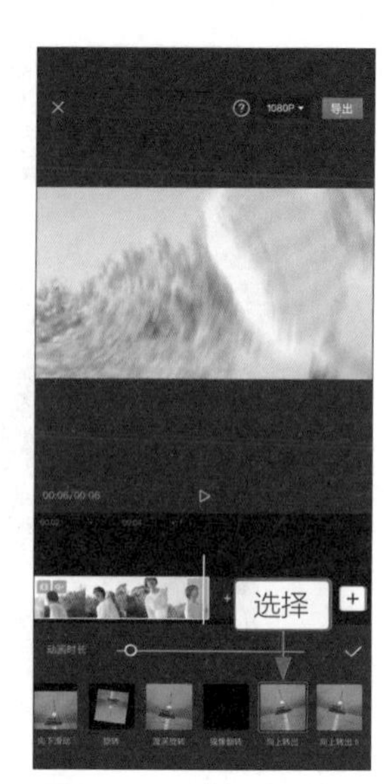

图 11-21　选择动画效果

步骤 04 确认动画效果后，向右拖曳“动画时长”滑块，调整动画效果的持续时间，如图 11-22 所示。

步骤 05 点击“导出”按钮，如图 11-23 所示。

图 11-22　调整动画特效持续时间

图 11-23　点击“导出”按钮

步骤 06 导出并预览视频效果，如图 11-24 所示。通过使用“向上转出”动画效果，使 Vlog 视频的结尾更有律动感。

图11-24 导出并预览视频效果

11.2.3 组合动画：入场与出场的结合

添加一个合适的组合动画，不仅让Vlog视频更有设计感，还能让视频更具整体性。下面介绍使用剪映App为Vlog视频设置组合动画效果的操作方法。

步骤 01 打开剪映 App，导入一段视频素材，添加相应的背景音乐。在视频剪辑界面中，点击“动画”按钮，如图 11-25 所示。

步骤 02 进入动画选择界面，点击“组合动画”按钮，如图 11-26 所示。

步骤 03 选择“旋转缩小”动画效果，如图 11-27 所示。

图11-25 点击“动画”按钮

图11-26 点击“组合动画”按钮

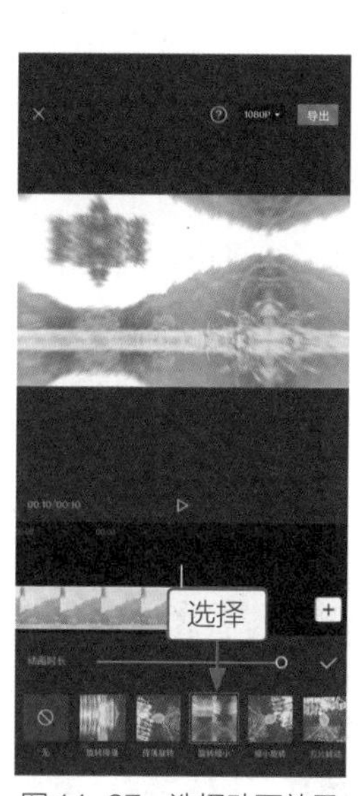

图11-27 选择动画效果

步骤 04 确认动画效果后，点击“导出”按钮，导出并预览视频效果，如图 11-28 所示。

图11-28 导出并预览视频效果

11.3 为Vlog视频添加多种特效

想要Vlog视频出彩，还可以加上一些创意特效，不仅能丰富画面效果，还能让Vlog视频更具有个性。本节主要介绍使用剪映App为Vlog视频添加多种特效的操作方法。

11.3.1 旋转立方体卡点：打造绚丽的霓虹灯

本节介绍的“旋转立方体卡点”特效的制作方法，主要使用剪映的“自动踩点”功能、“镜面”蒙版，以及“立方体”视频动画来实现，制作出充满三维立体感的Vlog视频画面效果。下面介绍具体的操作方法。

步骤 01 打开剪映 App，导入拍好的多段照片视频素材，添加相应背景音乐后，点击“比例”按钮，如图 11-29 所示。

步骤 02 选择 9:16 选项，调整视频画布的尺寸，如图 11-30 所示。

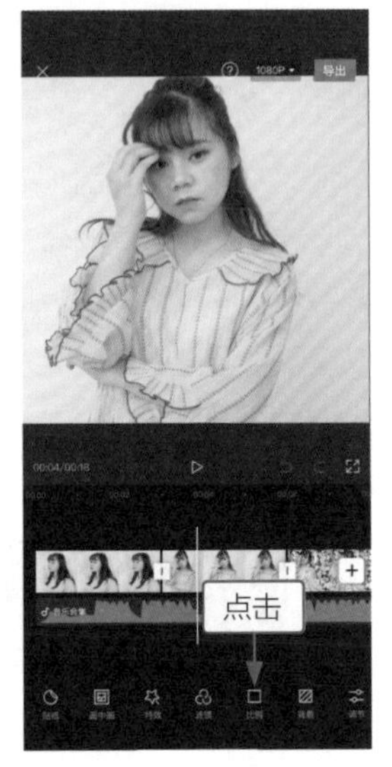

图 11-29 点击“比例”按钮

图 11-30 调整视频画布的尺寸

步骤 03 在视频轨道中，选择第一个素材文件，点击“背景”按钮，如图 11-31 所示。

步骤 04 点击“画布模糊”按钮，设置背景画布，如图 11-32 所示。

步骤 05 ❶选择相应的模糊程度；❷点击“应用到全部”按钮，如图 11-33 所示。

图 11-31 点击“背景”按钮

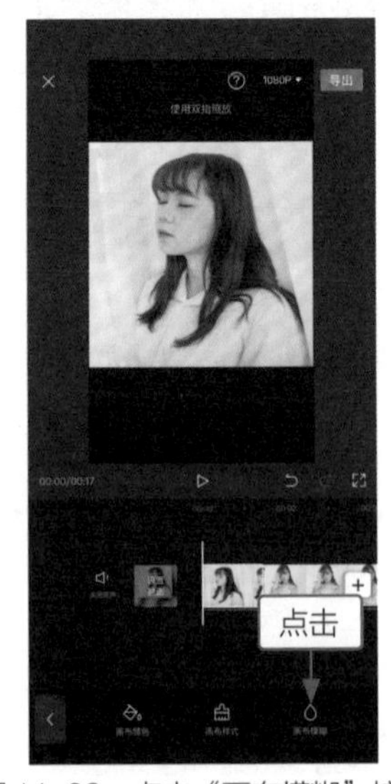

图 11-32 点击“画布模糊”按钮

图 11-33 选择并调整画布

步骤 06 完成操作后，❶选择音频轨道；❷点击“踩点”按钮，如图 11-34 所示。

步骤 07 在弹出的列表框中，❶点击“自动踩点”按钮；❷选择“踩节拍Ⅰ”选项，如图 11-35 所示。

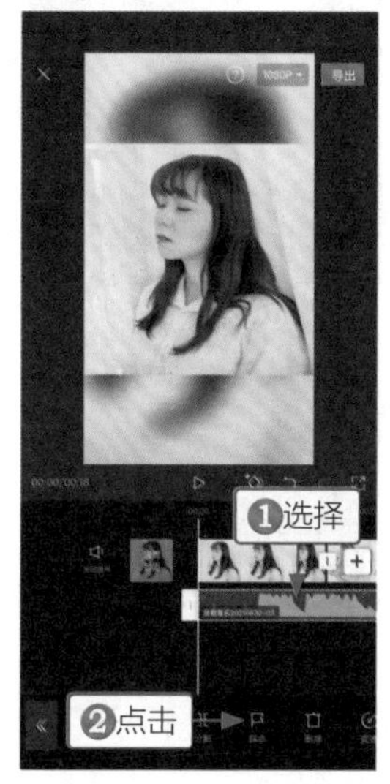

图 11-34　选择音频

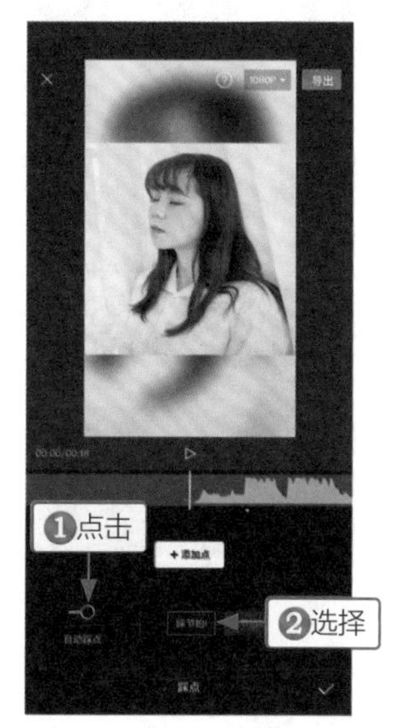

图 11-35　选择“踩节拍Ⅰ”选项

步骤 08 执行操作后，即可在音频轨道中添加黄色的节拍点，拖曳第 1 个素材文件右侧的白色拉杆，使其长度对准音频轨道中的第 1 个节拍点，如图 11-36 所示。

步骤 09 使用同样的操作方法调整后面的素材文件时长，与其相应的节拍点对齐，如图 11-37 所示。

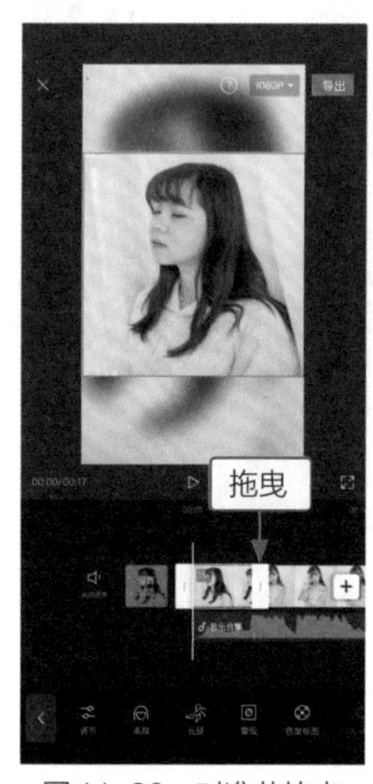

图 11-36　对准节拍点

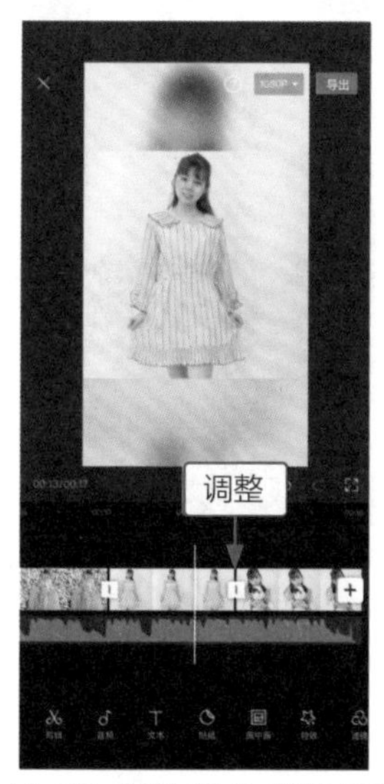

图 11-37　调整素材与节拍点对齐

步骤 10 ❶选择第 1 个素材文件；❷点击“蒙版”按钮，如图 11-38 所示。

步骤 11 选择“镜面”蒙版，如图 11-39 所示。

图 11-38　点击“蒙版”按钮

图 11-39　选择蒙版

步骤 12 在预览窗口中旋转蒙版方向，将羽化«调整到最大，如图 11-40 所示。

步骤 13 进入“动画”界面，在“组合动画”列表中，选择“立方体”动画效果，如图 11-41 所示。

图 11-40　调整蒙版的羽化效果

图 11-41　选择动画效果

步骤 14 点击“特效”按钮，进入界面，如图 11-42 所示。

步骤 15 在“动感”选项卡中，选择“霓虹灯”选项，添加边框特效，如图 11-43 所示。调整“霓虹灯”特效的持续时间，与视频时间保持一致。

图11-42　点击“特效”按钮

图11-43　选择边框特效

步骤 16 用同样的操作方法，为其余的素材添加动画效果，完成后点击“导出”按钮，导出并预览视频效果，如图 11-44 所示。

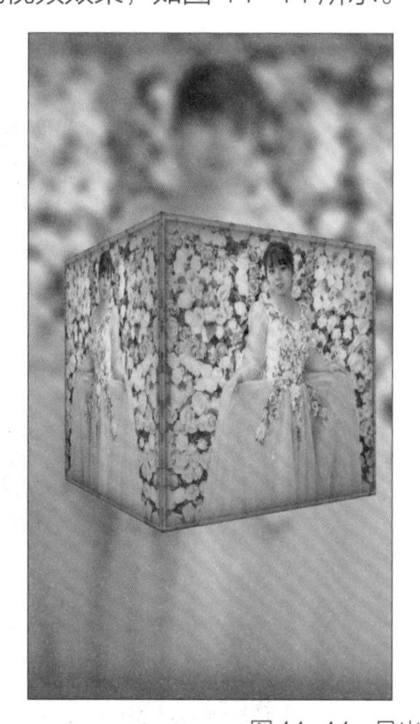

图11-44　导出并预览视频效果

11.3.2 挥手变天：蓝天白云秒变漫天星辰

本节主要使用剪映的“线性”蒙版和“正片叠底”混合模式这两大功能，制作出蓝天白云秒变漫天星辰的视频效果。下面介绍具体的操作方法。

步骤 01 固定手机机位，拍摄一段人物向天空挥手的视频素材，如图 11-45 所示。

图 11-45　拍摄视频素材

步骤 02 导入拍好的视频素材，添加相应背景音乐，❶将时间轴拖曳至人物挥手的位置处；❷点击“画中画”按钮，如图 11-46 所示。

步骤 03 导入星空视频素材，如图 11-47 所示。

图 11-46　点击“画中画”按钮

图 11-47　导入星空视频素材

步骤 04 在预览窗口中，适当调整星空素材的大小和位置，如图 11-48 所示。

步骤 05 点击“蒙版”按钮，进入界面，❶选择“线性”蒙版；❷适当调整蒙版的位置和羽化效果，如图 11-49 所示。

图11-48　调整素材的大小和位置

图11-49　调整蒙版的位置和羽化效果

步骤 06 点击“混合模式”按钮，进入界面，如图 11-50 所示。

步骤 07 ❶选择“正片叠底”选项；❷合成画面效果，如图 11-51 所示。

图11-50　点击“混合模式”按钮

图11-51　合成画面效果

步骤 08 ❶选择视频轨道；❷点击“分割”按钮，如图 11-52 所示。

步骤 09 执行操作后，选择分割后的后半段视频，如图 11-53 所示。

图 11-52　点击“分割”按钮

图 11-53　选择分割后的后半段视频

步骤 10 点击“调节”按钮，如图 11-54 所示。

步骤 11 设置“亮度”为 -20、“对比度”为 20、“饱和度”为 15，部分参数如图 11-55、图 11-56 所示。调节时长，与后半段视频时长调整为一致。

图 11-54　点击“调节”按钮

图 11-55　设置“亮度”参数

图 11-56　设置“对比度”参数

步骤 12 执行上述操作后，点击“特效”按钮，如图 11-57 所示。

步骤 13 在 Bling 选项卡中，选择“星星闪烁Ⅱ”选项，如图 11-58 所示。

步骤 14 将特效时长与后半段视频时长调整为一致，如图 11-59 所示。

图 11-57　点击“特效”按钮

图 11-58　选择特效

图 11-59　调整特效时长

步骤 15 点击“导出”按钮，导出并预览视频效果，如图 11-60 所示。

图 11-60　导出并预览视频效果

图 11-60　导出并预览视频效果(续)

第12章

导出：制作爆款 Vlog 字幕与音乐

学前提示

在Vlog视频中添加各种字幕效果和背景音乐，不仅能够让观众在短时间内看到、懂得视频的内容，还可以让Vlog视频呈现出影视大片般的观赏效果。

本节介绍使用剪映App，为Vlog视频添加字幕效果和背景音乐等内容元素，有助于用户更好地表达视频信息，制作出吸引更多人关注的优秀作品。

12.1 为Vlog视频添加字幕效果

我们在观看Vlog视频的时候，常常会看到很多字幕，或用于歌词，或用于语音解说。使用合适的字幕效果，能够更好地表达Vlog视频的主题和内容。

12.1.1 自动添加字幕只需几秒钟

剪映App拥有很多自动添加文字的功能，如识别字幕和识别歌词等。通过这些功能，可以自动将语音转化为文字，而且准确率非常高，能够帮助用户快速识别并添加与视频时间对应的字幕轨道，提升制作Vlog视频的效率。

1. 识别字幕

识别字幕能够有效且快速地添加字幕，在很多Vlog视频的后期制作中常常都会用到。下面介绍使用剪映App的“识别字幕”功能，给Vlog视频自动添加字幕效果的操作方法。

步骤 01 在剪映 App 中导入一个视频素材，❶添加合适的背景音乐；❷点击“文本”按钮，如图 12-1 所示。

步骤 02 进入文字编辑界面，点击“识别字幕”按钮，如图 12-2 所示。

图 12-1 点击“文本”按钮

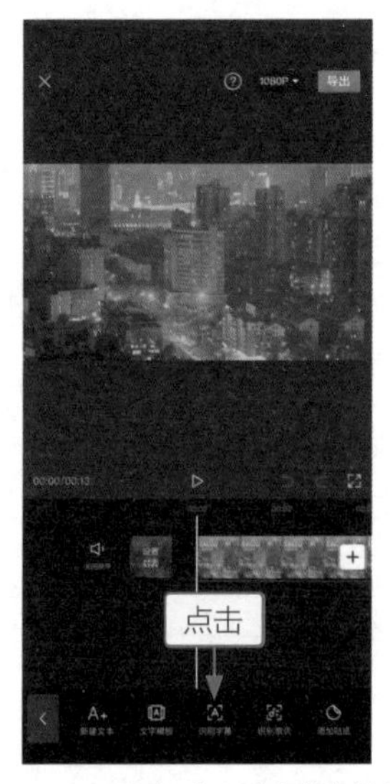

图 12-2 点击“识别字幕”按钮

步骤 03 执行操作后，弹出“自动识别字幕”对话框，点击“开始识别”按钮，如图 12-3 所示。如果视频中本身存在字幕，可以开启“同时清空已有字幕”功能，快速清除原来的字幕。

步骤 04 软件开始自动识别视频语音中的内容，如图 12-4 所示。

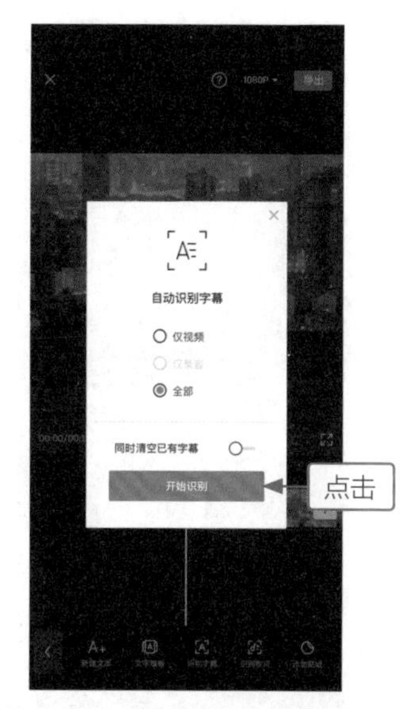

图 12-3　点击“开始识别”按钮

图 12-4　开始自动识别语音

步骤 05 稍等片刻，即可完成字幕识别，并自动生成对应的字幕轨道，效果如图 12-5 所示。

步骤 06 拖曳时间轴，可以查看字幕效果，如图 12-6 所示。

图 12-5　生成字幕轨道

图 12-6　查看字幕效果

步骤 07 在时间线区域中选择相应的字幕，并在预览窗口中适当调整文字的大小与位置，如图 12-7 所示。

步骤 08 确认后，点击“样式”按钮，弹出面板，❶点击“排列”按钮；❷设置“字间距”参数为 6，如图 12-8 所示。

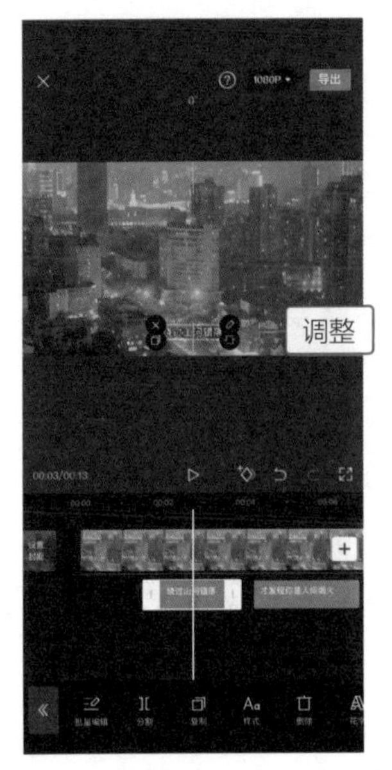

图 12-7　调整文字的大小与位置

图 12-8　设置字间距参数

步骤 09　点击“导出”按钮，导出并预览视频效果，如图 12-9 所示。

图 12-9　导出并预览视频效果

> **专家提醒**
>
> 通过剪映App的“识别字幕”功能生成的字幕，如果其中有错别字，用户可以点击字幕轨道进行修改。

2. 识别歌词

除了识别Vlog视频字幕外，剪映App还能够自动识别Vlog视频中歌词的内容，可以非常方便地为背景音乐添加动态歌词。下面介绍具体操作方法。

步骤 01　在剪映 App 中导入一个视频素材，点击底部工具栏中的“文本”按钮，如图 12-10 所示。

步骤 02　进入文字编辑界面，点击“识别歌词”按钮，如图 12-11 所示。

图 12-10　点击“文本”按钮

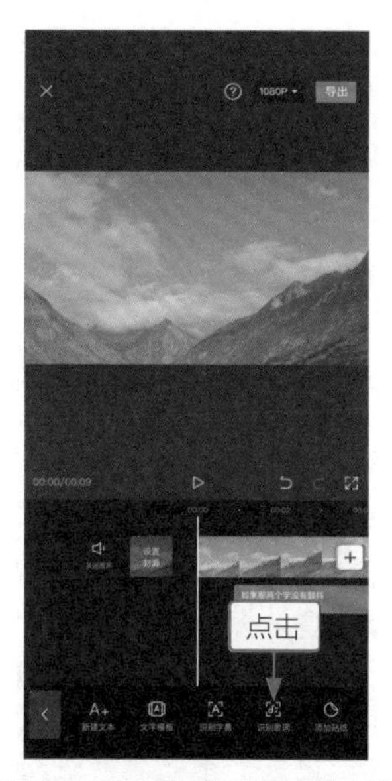

图 12-11　点击“识别歌词”按钮

步骤 03 执行操作后，弹出“识别歌词”对话框，点击“开始识别”按钮，如图 12-12 所示。

步骤 04 执行操作后，软件开始自动识别 Vlog 视频背景音乐中的歌词内容，如图 12-13 所示。

图 12-12　点击“开始识别”按钮

图 12-13　开始识别歌词

步骤 05 稍等片刻，即可完成歌词识别，并自动生成歌词轨道，如图 12-14 所示。

步骤 06 拖曳时间轴，可以查看歌词字幕效果，如图 12-15 所示。

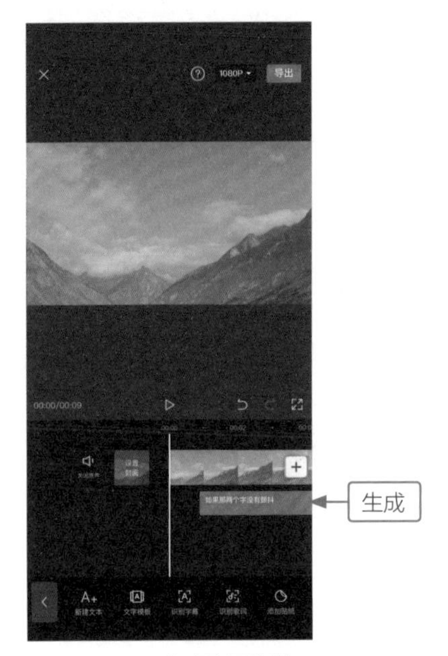

图 12-14　生成歌词轨道

图 12-15　查看歌词字幕效果

步骤 07 ❶双击相应歌词，进入“样式”编辑界面；❷切换至“动画”选项卡；❸为歌词添加一个“卡拉 OK”的入场动画效果，如图 12-16 所示。

步骤 08 用同样的操作方法，为其他歌词添加动画效果，如图 12-17 所示。

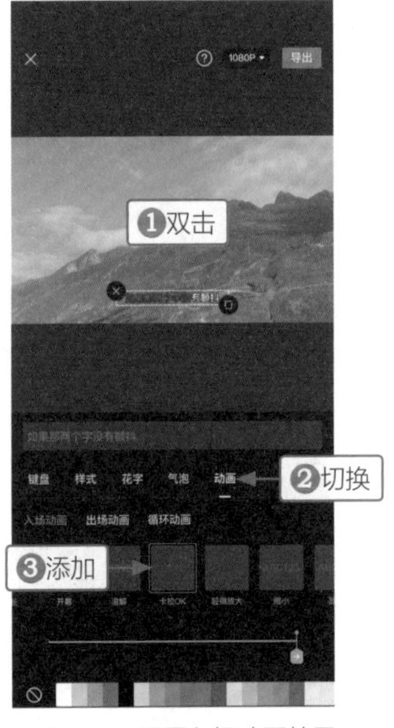

图 12-16　设置入场动画效果

图 12-17　为其他歌词添加动画效果

步骤 09 确认后，点击“导出”按钮，导出并预览视频效果，如图 12-18 所示。

图 12-18　导出并预览视频效果

12.1.2　手动添加字幕，更好地展现视频内容

剪映App中还提供了手动添加字幕的功能，可以使用它为Vlog视频添加合适的文字内容。下面介绍具体的操作方法。

步骤 01 在剪映 App 中导入视频素材，添加相应背景音乐后，点击“文本”按钮，如图 12-19 所示。

步骤 02 进入文字编辑界面，点击“新建文本”按钮，如图 12-20 所示。

图 12-19　点击“文本”按钮

图 12-20　点击“新建文本”按钮

步骤 03 在文本框中输入符合 Vlog 视频主题的文字内容，如图 12-21 所示。

步骤 04 确认后，即可添加文本轨道，在预览区域中按住文字素材并拖曳，即可调整文字的大小与位置，如图 12-22 所示。

图 12-21　输入文字

图 12-22　调整文字的大小与位置

步骤 05 在时间线区域中，拖曳文本轨道两侧的白色拉杆，即可调整文字出现的时间和持续时长，如图 12-23 所示。

步骤 06 点击“样式”按钮，切换至“样式”选项卡，选择相应的字体，如图 12-24 所示。

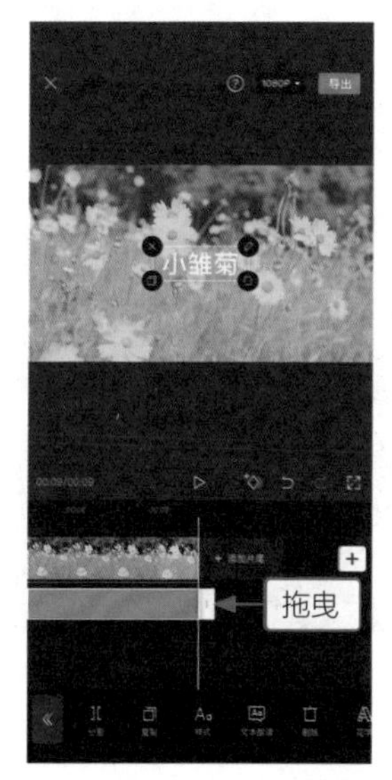

图 12-23　调整文字出现的时间和时长

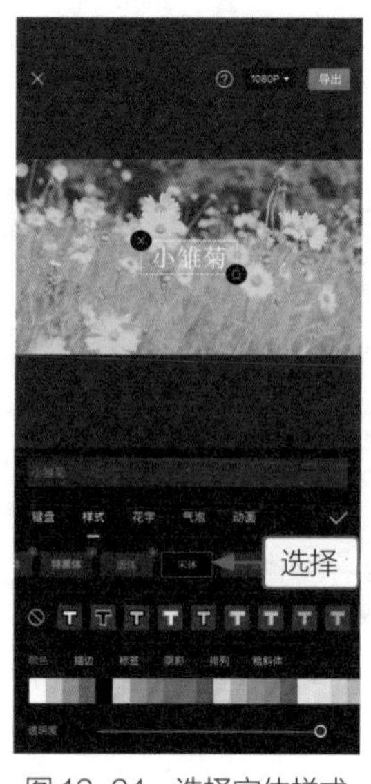

图 12-24　选择字体样式

步骤 07 在字体样式下方为描边样式，用户可以选择相应的描边模板，快速为文字应用描边效果，如图 12-25 所示。

步骤 08 ❶点击底部的“描边”标签；❷设置描边的颜色和粗细度参数，如图 12-26 所示。

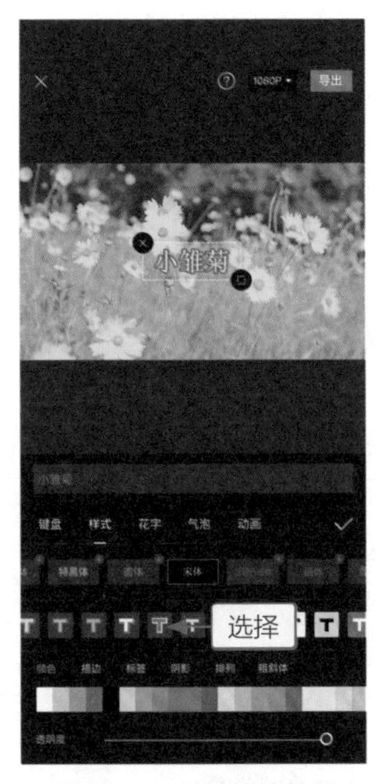

图 12-25　应用描边效果

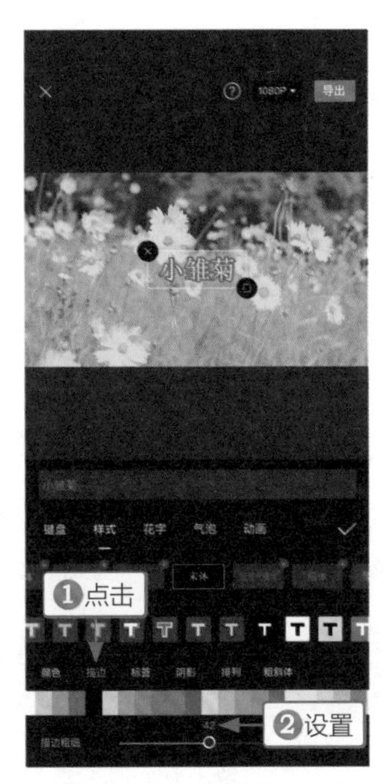

图 12-26　设置描边效果

步骤 09 切换至“阴影”选项卡，在其中可以设置文字阴影的颜色和透明度，添加阴影效果，让文字显得更加立体，如图 12-27 所示。

步骤 10 切换至“排列”选项卡，设置文字为水平居中对齐、“字间距”参数为 6，图 12-28 所示。

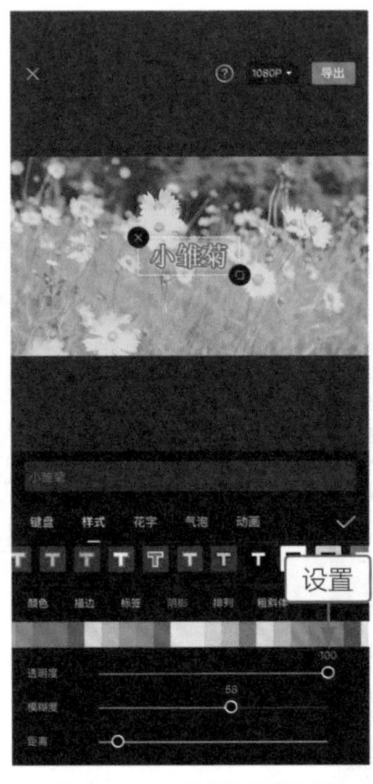

图 12-27　设置阴影效果

图 12-28　调整文字排列与字间距参数

专家提醒

在“对齐”选项卡中，用户可以选择左对齐、水平居中对齐、右对齐、垂直上对齐、垂直居中对齐、垂直下对齐等多种对齐方式，让文字的排列更加错落有致。

步骤 11 点击右上角的“导出”按钮，导出并预览手动添加文字后的视频效果，如图12-29所示。

图12-29　导出并预览视频效果

12.1.3 添加有趣好玩的花字效果

用户在给Vlog视频添加标题时，可以使用剪映App的“花字”功能，下面介绍具体的操作方法。

步骤 01 在剪映 App 中导入视频素材，添加相应背景音乐后，点击“文本”按钮，如图 12-30 所示。

步骤 02 进入文字编辑界面，点击“新建文本”按钮，在文本框中输入符合 Vlog 视频主题的文字内容，如图 12-31 所示。

图12-30　点击“文本”按钮

图12-31　输入文字

步骤 03 确认后，❶切换至“样式”选项卡；❷设置相应的字体和对齐方式；❸按住文字素材，调整文字的大小与位置，如图 12-32 所示。

步骤 04 ❶切换至“花字”选项卡；❷选择合适的花字样式，如图 12-33 所示。

图 12-32　设置字体和对齐方式

图 12-33　选择花字样式

步骤 05 调整花字效果的持续时间，与视频时间保持一致，点击“导出”按钮，导出并预览视频效果，如图 12-34 所示。

图 12-34　导出并预览视频效果

12.1.4 让 Vlog 视频更有创意的文字气泡

剪映App中提供了丰富的气泡文字模板，能够帮助用户快速制作出精美的Vlog视频文字效果。下面介绍具体的操作方法。

步骤 01 在剪映 App 中导入视频素材，添加背景音乐，点击“文本”按钮，进入文字编辑界面，点击“新建文本”按钮，在文本框中输入符合 Vlog 视频主题的文字内容，如图 12-35 所示。

步骤 02 ❶切换至“气泡”选项卡；❷选择气泡文字模板，即可在预览窗口中应用相应的气泡文字效果，如图 12-36 所示。

图 12-35　输入文字内容

图 12-36　选择气泡文字模板

步骤 03 用户可以多尝试，查看各模板的效果，直到找到最合适的气泡文字模板效果，如图 12-37 所示。

图 12-37　更换气泡文字模板效果

步骤 04 确认后，调整气泡文字模板效果的大小与位置，点击“导出”按钮，导出并预览视频效果，如图 12-38 所示。

图 12-38　导出并预览视频效果

12.1.5 让 Vlog 视频秒变动感贴纸

剪映App能够直接给Vlog视频添加文字贴纸效果，让Vlog视频的画面更加精彩、有趣。下面介绍具体的操作方法。

步骤 01 在剪映 App 中导入视频素材，添加背景音乐，点击“文本”按钮，如图12-39 所示。

步骤 02 进入文字编辑界面，点击“添加贴纸”按钮，如图 12-40 所示。

图 12-39　点击“文本”按钮

图 12-40　点击“添加贴纸”按钮

步骤 03 执行操作后，进入“添加贴纸”界面，窗口下方显示了软件提供的所有贴纸模板，如图 12-41 所示。

步骤 04 ❶点击贴纸，即可自动将相应的样式添加到视频画面中；❷调整贴纸大小与位置，如图 12-42 所示。

图 12-41 “添加贴纸”界面

图 12-42 添加并调整贴纸

步骤 05 确认后，调整贴纸效果的持续时间，与视频时间保持一致，点击“导出”按钮，导出并预览视频效果，如图 12-43 所示。

图 12-43 导出并预览视频效果

12.1.6 让画面既生动又美观的动画文字

现在的Vlog视频中，经常会使用动画文字，由于其新颖、特别的效果，受到很多用户和观众的喜爱。下面介绍使用剪映App制作视频动画文字的操作方法。

步骤 01 在剪映 App 中导入视频素材，添加背景音乐，添加并设置相应的文字，如图 12-44 所示。

步骤 02 切换至“气泡”选项卡，在下方的窗口中选择一个合适的“气泡”样式模板，使 Vlog 视频的文字主题更加突出，如图 12-45 所示。

图12-44 添加并设置文字

图12-45 选择气泡样式

步骤 03 ❶切换至“动画”选项卡；❷在“入场动画”选项区中选择“音符弹跳”动画效果，如图12-46所示。

步骤 04 拖曳绿色的右箭头滑块，调整入场动画的持续时间，如图12-47所示。

图12-46 选择入场动画

图12-47 调整动画持续时间

步骤 05 在“出场动画”选项区中，❶选择“向右擦除”动画效果；❷适当调整出场动画的持续时间，如图12-48所示。

步骤 06 ❶设置“循环动画”为“摆钟”；❷调整其速度，如图12-49所示。

步骤 07 确认后，点击“导出”按钮，导出并预览视频效果，如图12-50所示。需要注意的是，添加了循环动画效果后，就会自动删除入场动画和出场动画，此处笔者分别导出了两个视频进行效果的预览。

图 12-48　选择并设置出场动画

图 12-49　设置循环动画

图 12-50　导出并预览视频效果

12.2 为Vlog视频添加音乐

剪映App中的音乐曲库拥有海量音频，其为Vlog视频添加背景音乐的方法也非常多，用户既可以添加曲库中的歌曲，也可以上传本地音频，还可以提取其他视频中的音乐用于自己的视频。

12.2.1 添加抖音收藏的音乐

在Vlog视频中添加抖音曲库中收藏的音乐，优点是可以直接选用时下热门的背景音乐。下面介绍使用剪映App为Vlog视频添加曲库中的音乐的操作方法。

步骤 01 在剪映 App 中导入视频素材，点击“添加音频”按钮，如图 12-51 所示。

步骤 02 进入音频编辑界面，点击“音乐”按钮，如图 12-52 所示。

图 12-51　点击“添加音频”按钮

图 12-52　点击“音乐”按钮

步骤 03 进入“添加音乐”界面，❶切换至“抖音收藏”选项卡，选择音频素材；❷点击“使用”按钮，如图 12-53 所示。

步骤 04 执行操作后，即可添加相应的背景音乐，如图 12-54 所示。

图 12-53　选择收藏的音乐

图 12-54　添加背景音乐

12.2.2 一键提取视频中的音乐

当用户在Vlog视频中发现喜欢的背景音乐却不清楚音乐的名称时，使用剪映App“提取音乐”功能，可便捷地提取音乐。下面介绍具体的操作方法。

步骤 01 在剪映 App 中导入视频素材，点击底部的“音频”按钮，如图 12-55 所示。

步骤 02 进入音频编辑界面，点击“提取音乐”按钮，如图 12-56 所示。

图 12-55　点击“音频”按钮

图 12-56　点击“提取音乐”按钮

步骤 03 进入“视频”界面，❶选择要提取背景音乐的视频文件；❷点击“仅导入视频的声音”按钮，如图 12-57 所示。

步骤 04 执行操作后，即可提取并导入视频中的音乐文件，如图 12-58 所示。

图 12-57　选择音乐视频文件

图 12-58　提取并导入音乐文件

12.2.3 设置淡入淡出，完善音频效果

美妙、完整的音频，能够让Vlog视频的内容更加丰富。下面介绍使用剪映App剪辑音频素材的基本操作方法。

步骤 01 在剪映 App 中导入视频素材，并添加背景音乐，向右拖曳音频轨道左端的白色拉杆，即可裁剪音频，如图 12-59 所示。

步骤 02 按住音频轨道向左拖曳至时间线的起始位置处，完成音频的裁剪操作，如图 12-60 所示。

图 12-59　裁剪音频素材

图 12-60　调整音频位置

步骤 03 ❶拖曳时间轴，将其移至视频的结尾处；❷选择音频轨道，如图 12-61 所示。

步骤 04 ❶点击“分割”按钮；❷分割音频，如图 12-62 所示。

步骤 05 ❶选择第二段音频；❷点击“删除”按钮，即可删除多余音频，如图 12-63 所示。

图 12-61　选择音频轨道

图 12-62　分割音频

图 12-63　删除多余音频

步骤 06 选择要使用的音频轨道，调出音频剪辑工具栏，点击底部的“淡化”按钮，如图 12-64 所示。

步骤 07 进入“淡化”编辑界面，设置“淡入时长”参数，使音频效果过渡得更自然，如图 12-65 所示。

图 12-64　点击“淡化”按钮

图 12-65　设置“淡入时长”参数

步骤 08 拖曳白色的圆环滑块，设置“淡出时长”参数，如图 12-66 所示。

步骤 09 确认后，即可给音频添加淡入淡出效果，如图 12-67 所示。设置音频淡入淡出效果后，可以让 Vlog 视频的背景音乐显得不那么突兀，给观众带来更加舒适的视听感。

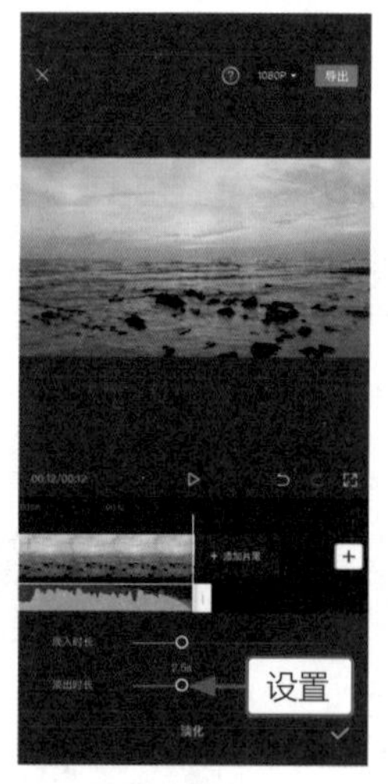

图 12-66　设置“淡出时长”参数

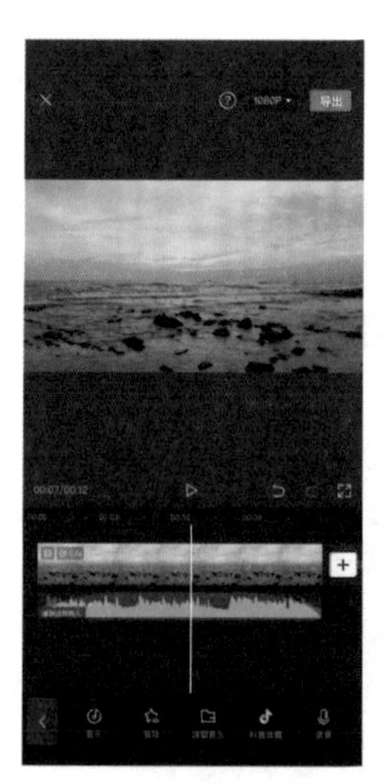

图 12-67　添加淡入淡出效果